9 Levels of Value Systems

Rainer Krumm

9 LEVELS OF VALUE SYSTEMS

Rainer Krumm

werdewelt Verlags- und Medienhaus GmbH

© 2012 werdewelt Verlags- und Medienhaus GmbH
ISBN 978-3-9815318-2-4

Impressum

© werdewelt GmbH | Lindersrain 2 | 35708 Haiger
T +49 2773 7437-0 | F -29 | mail@werdewelt.info | www.werdewelt.info

1. Auflage 2012

Autor: Rainer Krumm, 9 Levels Institute for value systems GmbH & Co. KG
Gestaltung/Satz: werdewelt.info
Illustrationen: Timo Wuerz, www.timowuerz.com

Druck: wd print + medien GmbH & Co. KG
Verlag: werdewelt Verlags- und Medienhaus GmbH

INHALT

VORWORT DES AUTORS

Die Zeit ist reif!

Als ich 2003 mit den Forschungsarbeiten von Prof. Clare W. Graves in Kontakt kam, war ich überwältigt von der Komplexität und zugleich von der Einfachheit dieses Modells. Die Komplexität der Menschen, der Systeme und der Welt in ein dynamisches Modell zu verarbeiten, das auf Werten und Wertesystemen basiert, ist absolut umwerfend. Alle noch verfügbaren Originalquellen von Prof. Graves habe ich studiert, Ton- und Filmdokumente ausgewertet und seit dieser Zeit konkret in Beratungsprojekten angewendet. Christopher Cowan, einer der beiden Autoren von Spiral Dynamics und der Hüter des Graves'schen Vermächtnisses, hat mich in Südafrika ausgebildet.

Viele Modelle, die mit Personen, Gruppen und Organisationen arbeiten, sind statische Typologisierungen oder auf Verhalten fokussierte Analyseinstrumente. Die Dynamik und die Tiefgründigkeit durch die Werte-Fokussierung faszinierten mich an den Forschungen von Graves, so dass ich mit meinen beiden Co-Autoren und Berater-Kollegen Martina Bär und Hartmut Wiehle das erste deutschsprachige Buch zu dieser Theorie geschrieben habe. Es ist unter dem Titel „Unternehmen verstehen, gestalten verändern – das Graves-Value-System in der Praxis" erschienen. Dieses Buch fokussiert die Anwendung der Graves'schen Theorie auf Veränderungsprozesse in Unternehmen. Es ist also ein Buch mit klarer Ausrichtung auf Organisationsentwicklung. Inzwischen sind weitere Bücher gefolgt – für unterschiedliche Einsatzgebiete. In diesen wird unsere „No. 1" auf dem deutschsprachigen Markt sehr oft zitiert und gilt als Referenzbuch zu Graves. Es hat der Theorie auf diese Weise in unserem Sprachraum auch zum Durchbruch verholfen.

Was mir als Berater, Managementtrainer und Coach noch fehlte, war ein wissenschaftlich fundiertes Analysetool, das sowohl pragmatisch als auch praxistauglich für die Anwendung in der Beratung, im Training und im Coaching sein musste. Führungskräfte orientieren sich gerne an Zahlen. Zahlen geben ihnen die Sicherheit, die sie für Projekte, Entscheidungen und gegenüber Mitarbeitern und Vorgesetzten brauchen. Viele Führungskräfte und Manager sind daher auf der Suche nach etwas, was sie greifen können, was messbar ist. So gründete ich das „9 Levels Institute of Value Systems", mit dem ich die Zielsetzung verfolge, Tools zur Analyse von Wertesystemen anzubieten – basierend auf der Forschung von Clare W. Graves. Die 9 Levels of Value Systems waren geboren: Eine Weiterentwicklung des Graves-Value-Systems, kombiniert mit den Erfahrungen aus der Beratung und dem Training von Menschen und Unternehmen in über 23 verschiedenen Ländern.

Nach mehr als 15 Jahren der praktischen Erfahrung als Unternehmensberater, Managementtrainer und Coach, war die Zeit reif, die vielen theoretischen Hintergründe mit dem Wissen und der Erfahrung aus der Praxis zu einem Modell zu kombinieren. Ein Modell, das die Dynamik und die Veränderung der heutigen Welt abbilden kann und tiefer greifende Erklärungsansätze bietet, als die bisherigen gängigen Modelle.

Ich wünsche allen Lesern und Anwendern der 9 Levels viel Spaß, Erfolg und viele neue Erkenntnisse und ein intensives Bewusstwerden der eigenen Wertesysteme.

Die Zeit ist reif für neue Erklärungsansätze und Modelle, um die Herausforderungen der heutigen Zeit erfolgreich meistern zu können.

Ihr Rainer Krumm

Kontakt: *info@9levels.de* | *www.9levels.de*

Für wen ist das Buch geschrieben?

Dieses Buch richtet sich an Menschen, die mit dem Modell der 9 Levels in Seminaren, Workshops, Beratungsprojekten und Coachings in Kontakt kommen und sich eine intensive und pragmatische Einführung in das Modell der 9 Levels wünschen, ohne die gesamte Komplexität der dahinter liegenden Theorie erarbeiten zu müssen. Es soll als Einstieg dienen und das Verständnis zu den verschiedenen Levels, dem Modell und dessen Anwendungsgebieten ermöglichen.

Eben ein Buch von Praktikern für Praktiker.

GRUNDLAGEN DES 9 LEVELS FOR VALUE SYSTEMS

9 Levels of Value Systems richtet sich an Personen, Gruppen und Organisationen und hat deren Entwicklung im Fokus – basierend auf den Wertesystemen.

Für die Praxis bedeutet das: Das Modell der 9 Levels of Value Systems wird dazu verwendet, die Entwicklungen von Wertesystemen oder der Zielgruppe darzustellen. Es geht darum, einerseits ein besseres Verständnis für verschiedene Denk- und Verhaltensweisen von Personen, Gruppen und Organisationen ableiten zu können und andererseits, notwendige Veränderungen zu erkennen.

Wie passt zum Beispiel eine Person in ein Unternehmen? Wie passt eine Abteilung oder ein Team von den handlungsleitenden Werten in das aktuelle Aufgabenfeld? Welche Herausforderungen werden von der Umwelt oder dem Markt gestellt und wie erfolgversprechend sind die aktuellen Wertesysteme? Lassen sich aktuelle und zukünftige Herausforderungen mit dem aktuellen Wertebewusstsein und Verhalten meistern?

Das Modell der 9 Levels of Value Systems ist ein Werte-Metamodell – ein Entwicklungsmodell für die Persönlichkeitsentfaltung und die Evolution von Organisationen und Kulturen.

Werte sind fundamentale Elemente der Kultur. Sie definieren Sinn und Bedeutung innerhalb eines Sozialsystems (Gruppe, Gesellschaft etc.). Viele Modelle setzen an den Verhaltensweisen von Personen an, oder an nicht veränderbaren Typologien. Das Modell der 9 Levels geht tiefer, es erfasst die Werte. Ein mit der Kultur vermittelter

Wert dient als „Richtlinie" dem Menschen zum Verständnis bzw. zur Erkenntnis der Welt und wird infolgedessen bei der Planung des Verhaltens zur Prämisse. Die grundlegenden und handlungsweisenden Werte werden analysiert und erfasst. Diese leiten die Denkweisen und Verhaltensweisen von Menschen, Abteilungen und Organisationen. Sie prägen Unternehmenskulturen, treiben Menschen an, geben Richtungen vor, stellen das Fundament für Be-Wertungen dar, definieren was richtig und was falsch ist und tragen je nach Erfüllungsgrad zu Glücks- und Erfolgsgefühlen bei.

Die Ursprünge des Modells

Das Modell der 9 Levels basiert auf den Erkenntnissen von Clare W. Graves. Graves (1914 – 1986) war Psychologieprofessor am Union College in New York (USA). Er war nicht nur in der Forschung tätig, sondern war auch viele Jahre als Berater in Wirtschaftsunternehmen, Kliniken und Bildungsinstituten aktiv. Den Anstoß zu seinen Forschungen bekam Graves von seinen Erstsemester-Studenten, die wissen wollten, wer von den vielen Theoretikern (Maslow, Freud, Jung, Rogers, Watson etc.) denn nun Recht habe. Graves konnte diese Frage nicht eindeutig beantworten, wollte dafür aber einen Weg finden und startete einen neuen Forschungsweg. Eine zentrale Aufgabe in seiner Forschung war die Ergründung der Entwicklungsstufen des menschlichen Wesens. Er gab seinen Studenten die Aufgabe, einen Bericht zu verfassen, in dem sie das erwachsene menschliche Wesen beschreiben. Dabei fiel ihm auf, dass diese Beschreibungen sehr unterschiedlich waren, jedoch wiederkehrende Elemente und Systeme zu erkennen waren. Dies führte ihn zu den verschiedenen Entwicklungsstufen der menschlichen Existenz.

Seine Theorie begann er in den 50er-Jahren zu entwickeln. Christopher Cowan und Don Beck veröffentlichten das Modell erstmals unter dem Namen „Spiral Dynamics". Graves selbst publizierte sein Modell in einem Harvard Business Review Artikel 1966 mit dem Titel „Deterioration of work standards" – also der Verschlechterung der Standards in der Geschäftswelt. In diesem Artikel bezeichnete er sein Modell als „Levels of Human Behaviour". Später bezeichnete Graves sein Modell / seine Theorie als: „Emergent, cyclical double-helix model of adult biopsychosocial systems development". Also frei übersetzt: eine aufwärts strebende zyklische Doppel-Helix der Entwicklung des erwachsenen Menschen in dessen biopsychosozialem System. Ein Modell, das nicht nur sehr komplex, sondern auch multiperspektivisch die Unterschiedlichkeit der menschlichen Entwicklung beschreibt. Die Graves'sche Theorie ist ein offenes Modell der Wertetheorie. Sie schildert in verschiedenen Perspektiven, wie Menschen, Systeme und Organisationen die Welt betrachten – basierend auf deren biopsychosozialem System.

Graves kombinierte Elemente von vier verschiedenen wissenschaftlichen Disziplinen – Biologie / Neurobiologie, Psychologie / die Theorie der Persönlichkeitstypen, Soziologie / Anthropologie und Systemtheorie – in seinem Ansatz.

Das erste deutschsprachige Buch zu diesem Grundmodell des Graves-Value-Systems habe ich zusammen mit Martina Bär und Hartmut Wiehle 2007 im Gabler Verlag publiziert. Es trägt den Titel „Unternehmen verstehen, gestalten, verändern – das Graves-Value-System in der Praxis" und setzte damit das Fundament für diese grundlegende Theorie im deutschsprachigen Raum. Inzwischen sind vielfältige Bücher in unterschiedlichen Anwendungsmöglichkeiten erschienen, die sich immer wieder auf das Grundmodell von Graves berufen. Das Graves-Value-System stellt ein Wertemodell dar, welches abbildet, wie Individuen oder ganze Systeme (Abteilungen, Unternehmen, Organisationen) denken und handeln. Es ist damit ein nützliches Instrument für alle, die in oder mit Organisationen oder Teams arbeiten und diese besser verstehen möchten.

Die Weiterentwicklung dieses Modells in die 9 Levels war die logische Konsequenz daraus, dieses theoretische Wissenschaftsmodell mit einem validen wissenschaftlichen Analysetool, sowie der langjährigen Erfahrung mit dem Modell in der Beratungs- und Coaching-Praxis zu kombinieren. Der Anspruch dabei ist, die grundlegende Theorie mit aktuellen Forschungserkenntnissen und aktuellen Lebensbezügen der Wirtschaftswelt zu kombinieren.

Die 9 Levels sind eine Vereinfachung der Graves'schen Theorie und machen diese in einem Modell somit nutzbar für die Entwicklung von Menschen, Gruppen und Organisationen. Das Modell der 9 Levels hilft, Menschen, Gruppen und Organisationen und deren Aktionen und Reaktionen besser zu verstehen. Die 9 Levels und die Theorie der Wertesysteme stellen die Dynamik dar, die für die Entwicklung der Beteiligten verantwortlich ist. Die Wertesysteme – teilweise auch als psychologische DNA bezeichnet – bringen Denkweisen, Glaubensätze, innere Befindlichkeiten und Organisationsprinzipien zum Ausdruck. Mit den 9 Levels werden diese messbar – und damit auch veränderbar.

DREI PERSPEKTIVEN DER BETRACHTUNG MIT DEN 9 LEVELS

Das Modell der 9 Levels funktioniert sowohl für einzelne Personen, wie auch für Teams und Organisationen. Diese drei allgemeinen Betrachtungsansätze werde ich Ihnen im Folgenden näher aufschlüsseln.

Personal Value Systems

Das Personal Value System analysiert die individuelle Person und deren Wertesystem, fokussiert auf einen Lebensbereich. Je nach Rolle und Aufgabe kommen bei einer Person verschiedene Wertesysteme zum Tragen und verändern so die Be-Wertungen und die Verhaltensweisen. Je nachdem welche Herausforderungen die Lebenswelt mit sich bringt.

Ein Beispiel: Paula Partner ist Abteilungsleiterin in einem mittelständischen global agierenden Unternehmen, das sich auf Halbleiterelektronik spezialisiert hat. Sie verantwortet das globale Marketing und führt eine Abteilung aus 25 Personen, von denen 15 am Standort und 10 Mitarbeiter global verteilt sind. Ihre Hauptansprechpartner sind die Vertriebsleiter in den verschiedenen globalen Märkten und Regionen. Im Privatleben ist Paula Partner verheiratet, hat 2 Kinder im Alter von 3 und 7 Jahren. Sie engagiert sich bei Unicef und ist Elternsprecherin im Kindergarten. Zuvor war Sie Marketing-Expertin bei einer kleinen Werbeagentur, die lokale Kunden schnell und individuell betreute. Ihre erste Berufsstation hat sie als Marketing-Trainee in einem Großkonzern mit 125-jähriger Tradition absolviert. Dort verlief ihr damals alles zu sehr in geregelten Bahnen. Die Werbeagentur war ihr jedoch zu chaotisch und zu schwankend in der Arbeitsbelastung. Nun will sie sich wieder beruflich umorientieren.

Mithilfe des Personal Value Systems können nun die beruflichen oder auch rollenspezifischen Wertesysteme analysiert werden, um zu sehen, welche Unternehmenskulturen oder auch welche Kunden zu ihr passen und wo die Zusammenarbeit am besten funktionieren kann. Im Coaching lassen sich mit dem Personal Value System oft Spannungen und Konfliktfelder aufdecken und lösen.

Group Value Systems

Teamentwicklung ist der klassische Bereich des Group Value Systems als Tool: Wie sieht das Wertesystem in einer Abteilung oder einer Projektgruppe aus? Welchen Herausforderung der Lebenswelt müssen und wollen sie sich stellen? Was soll und muss ihnen dabei wichtig sein? Dabei ist nicht jede Gruppe ein Team und nicht immer machen Teams Sinn. Inwiefern haben sich der Markt und die Aufgaben darin verändert und welche Veränderungen sind daraus resultierend eventuell notwendig? Wie kann dies beschrieben, benannt und verändert werden, um nachhaltige Wertearbeit zu leisten?

Ein Beispiel: Die Vertriebsorganisation eines Technik-Unternehmens, das im Sondermaschinenbau tätig ist, war es gewohnt, auf Basis der sehr hohen Produktqualität nicht wirklich verkaufen zu müssen. Es hat sich eher so abgespielt, dass die Kunden (ebenso Fachexperten) angefragt haben, ob denn noch Kapazität vorhanden sei und ob der Hersteller bereit wäre, ihnen eine Maschine zu bauen. Inzwischen hat die Qualität der Wettbewerber massiv aufgeholt und ein intensiver Preisdruck ist daraufhin entfacht worden. Die Ansprechpartner sind inzwischen nicht mehr die Produktionsleiter, sondern oft Einkäufer und Geschäftsführer, die von der technischen Fachlichkeit meist wenig Ahnung haben. Die Umsätze brechen stark ein und die Mitarbeiter in der Vertriebsabteilung wissen nicht, warum die alten Rezepte und Vorgehensweisen nicht mehr funktionieren. Ein klassischer Fall, bei dem mit dem Modell erkannt werden kann, welche Veränderungen notwendig sind und warum die alten Erfolgsrezepte eben nicht mehr greifen und keinen Erfolg mehr bringen.

Organisation Value Systems

Die Werte und Wertesysteme von Unternehmenskultur oder Organisationskultur sind geteilt. Führungskräfte prägen diese und leben sie oft vor, Mitarbeiter teilen sie entsprechend. Ein schwer greifbares Phänomen der Unternehmenskultur, das sich mit dem Organisation Value System erfassen und messen lässt. Nur auf diesem Weg lassen sich nachhaltige Veränderungen ableiten, falls diese notwendig sind.

Ein Beispiel: Eine sehr erfolgreiche kleine Firma – als Startup begonnen – hat inzwischen einen Personalstamm von 25 Mitarbeitern. Zu Beginn waren es zwei Gründer als geschäftsführende Gesellschafter, und innerhalb von nur drei Jahren ist das Unternehmen auf 25 Mitarbeiter an drei Standorten gewachsen. Die gewohnte Überschaubarkeit und Steuerbarkeit ist verloren gegangen, Subkulturen entwickeln sich an den Standorten. Urlaubsantragsformulare, Reisekostenabrechnungsformulare wurden etabliert. Der Außendienst hat sich inzwischen mit dem Innendienst in die Wolle bekommen, da keine Klarheit in der Strategie herrscht. Die Geschäftsführer sind so sehr mit dem Tagesgeschäft beschäftigt, dass auch dort die Kommunikation krankt. Das Ziel des Unternehmens ist es, in den nächsten Jahren weitere 20 bis 30 Mitarbeiter einzustellen und eine Zwischenhierarchie zu etablieren. Ein bisher intuitiv gemanagtes Startup wird „erwachsen" – wie ein Mitarbeiter der ersten Stunde süffisant sagt.

Das 9 Levels of Value Systems kann den aktuellen Ist-Zustand der Wertesysteme dieser drei Perspektiven analysieren und den gewünschten Soll-Zustand einer Person, Gruppe oder Organisation ermitteln. Ein Verändern und Anpassen an neue Gegebenheiten ist gerade deshalb so wichtig, weil sich um uns herum alles stetig weiterentwickelt. Das betrifft Menschen und Systeme gleichermaßen.

Coping-Mechanismen: Die Wechselwirkung zwischen Welt und Wertesystemen

Die Welt ist nicht statisch und gerade die Wertesysteme unterliegen einer Entwicklung. Je nachdem, welche Einflüsse von außen oder auch von innen auf den Menschen zukommen, desto mehr strebt er eine Veränderung an bzw. verschieben sich die Wertesysteme. Um eine Veränderung besser zu verstehen und überhaupt zu ermöglichen, ist es daher wichtig, ein dynamisches Modell zu nutzen.

In Wechselbeziehung verändern natürlich die Menschen und Systeme auch wiederum die (Um-)Welt. Aus diesem Denkansatz heraus leitete Graves die Wechselbeziehung zwischen der WELT und den REAKTIONEN ab. Welt und Reaktionen bedingen sich wechselseitig. Die Welt verändert den Menschen und der Mensch verändert die Welt. Diese Wechselbeziehungen nannte er „Coping-Mechanismen", worauf ich später noch näher eingehen werde.

Der Mensch geht in seiner Weiterentwicklung Schritt für Schritt vor und pendelt dabei immer vom Ich-Bezug zum Wir-Bezug, was in dem Modell als jeweils eine Seite dargestellt wird. Ein neugeborenes Kind startet beispielsweise automatisch auf der Seite des Ich-Bezugs auf dem untersten Level „Beige". Es ist nur daran interessiert, dass seine Grundbedürfnisse zum Überleben erfüllt sind: Es schreit, wenn es Hunger oder Durst hat, müde ist oder sich unwohl fühlt. Auch bei Gruppen und Organisationen startet die Entwicklung vergleichbar auf dem untersten Level. Jeder weitere Entwicklungsschritt führt ab da ähnlich einer Wendeltreppe nach oben und durchläuft die unten dargestellten Levels (Ebenen): von der fundamentalsten Lebensstufe „Beige" bis zur obersten, absolut Ich-bezogenen Lebensstufe „Koralle". Jeder neue Level schließt auf dem Weg nach oben die Werte der vorhergehenden Ebenen mit ein. Ein Überspringen von Levels gibt es nicht. Als Kind lernt auch erst jeder von uns sitzen, robben oder krabbeln, bevor der erste Schritt getan werden kann. In diesem Zusammenhang drücken die Coping-Mechanismen die Veränderung von der einen zu nächsten Ebene aus. Dabei bedeutet Veränderung meistens auch Konflikte, schließlich werden in diesem Zuge bestehende und etablierte Werte gebrochen und weiterentwickelt. Werte, die bisher gewohnt und manifestiert waren, werden verändert oder ausgetauscht. Dieser Veränderungsmechanismus löst Ängste aus und geht mit Besitzstandswahrung (Macht, materieller Besitz, etc.) einher.

PERSONAL value systems

9 LEVELS®

GROUP value systems

9 LEVELS®

ORGANISATION value systems

9 LEVELS®

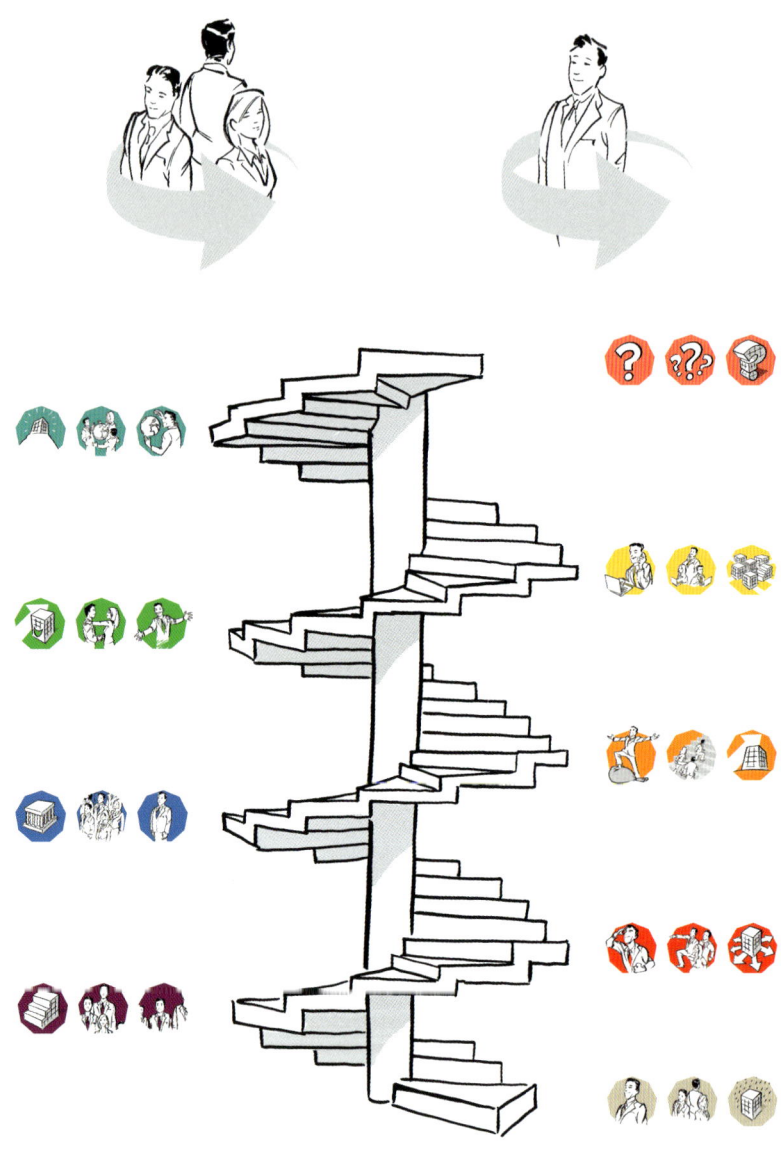

Abbildung 1: Überblick über die 9 Ebenen des 9 Levels of value systems

DIE 9 LEVELS IM ÜBERBLICK

Im Folgenden werde ich die 9 Levels in ihren einzelnen Grundzügen darstellen und anschließend vertiefen. Die Levels 1 bis 6 bilden die Levels des ersten Rangs. Diese ersten 6 Levels reagieren auf Mangelbedürfnisse der eigenen Lebenswelt. Ab dem zweiten Rang wiederholen sich die Levels, jedoch auf einem höheren Level und mit der Fokussierung auf Sinnhaftigkeit und Sinnbedürfnisse.

LEVEL BEIGE

Der Mensch im 1. Level befindet sich in der fundamentalsten Stufe des Lebens und des Bewusstseins. Er lebt in kleinen Gruppen oder Verbänden, die einen gewissen Schutz geben und seine Grundbedürfnisse, wie Nahrung, Wasser, Wärme und Fortpflanzung sichern. Beige ist instinktgesteuert und handelt intuitiv. Die Urangst – Verlust der überlebenswichtigen Kräfte – begleitet ihn. In der Wirtschaft kämpft dieser Level ums ökonomische Überleben. Der beige Level ist nicht Bestandteil des angewendeten Tools und wird nicht gemessen.

LEVEL PURPUR

Der Mensch im 2. Level sieht sich als Mitglied einer Gemeinschaft, eines Clans, eines Tribes – mit dem Patriarchen, dem Häuptling als Führer. Der Clan bietet Schutz, Sicherheit und Zugehörigkeit. Alles läuft auf einem Regelwerk, das festgelegt – meist jedoch nicht festgeschrieben – ist, was aber auch nicht hinterfragt wird. Aufopferung und Gehorsam werden vorausgesetzt. Bei Purpur ist das Bewusstsein magisch-mystisch. Traditionen und Brauchtum werden gepflegt. Auch Aberglaube hat seinen Platz. Im Wirtschaftsumfeld sind hier häufig patriarchalische Familienunternehmen zu finden, die wenig funktionale Strukturen aufweisen.

Kennzeichnende Werte sind:

- » Tradition
- » Blutsverwandtschaft
- » Brauchtum
- » Weitergabe von Überlieferungen
- » Heimat
- » Rituale
- » Respekt von Tabus
- » Gehorsam
- » Geborgenheit
- » Magisch-mystisches Bewusstsein
- » Schutz
- » Opferbereitschaft
- » Bindung
- » Gastfreundschaft
- » Archaische- magische Sehnsüchte
- » Zugehörigkeit
- » Gewohnheit
- » Sicherung der Existenz
- » Einklang

LEVEL ROT

Der Mensch im 3. Level sieht sich als Eroberer und Herrscher von neuen Gebieten. Das Streben nach Macht, Unabhängigkeit und Ansehen zeichnen ihn aus. Die Ressourcen werden zum eigenen Vorteil genutzt, im Zweifelsfall ohne Rücksicht auf Verluste. Rot kann schnell die Initiative ergreifen – und oft kraftvoll und innovativ wirken. Regeln und Gesetze kennt er nicht und will er nicht. Es gilt das Credo: Der Stärkere setzt sich durch. Im wirtschaftlichen Kontext fallen darunter Eroberungsmärkte oder harte Strukturvertriebe. Es wird auf den eigenen Vorteil gezielt – ohne Rücksicht.

Kennzeichnende Werte sind:

- » Durchsetzungsvermögen
- » Macht
- » Mut
- » Selbstvertrauen
- » Ansehen (Respekt, Hochachtung, Angst)
- » Ehre
- » Aggression
- » Stärke
- » Impulsivität
- » Dominanz
- » Unabhängigkeit
- » Eroberung z.B. neuer Märkte
- » Einforderung von Respekt
- » Gegenwartbezogenes, ego-zentriertes, konkretes Denken
- » Tapferkeit
- » Persönlicher Erfolg
- » Gewinnen um jeden Preis
- » Bewunderung der eigenen Person
- » Vermeidung von „Schande"

LEVEL BLAU

Der Mensch im 4. Level sucht nach Regeln und Gesetzen und sieht sich als Teil eines Ordnungssystems. Dieses zeigt klare Regeln und Zuständigkeiten auf, nach denen gelebt und gehandelt wird. Gerechtigkeit ist ein hohes Gut und wird vorausgesetzt. Loyalität wird belohnt. Blau zeichnet ein hohes Maß an Pflichtbewusstsein und Disziplin aus. Die Identität wird über das Kollektiv gewonnen. Hierarchien werden betont, Stellenbeschreibungen sind bedeutsam und Regeln und Strukturen finden Einzug.

Kennzeichnende Werte sind:
- » Pflicht
- » Qualität
- » Recht und Gesetz
- » Disziplin
- » Schuld und Unschuld
- » Stabilität
- » Loyalität
- » Ordnung
- » Zuverlässigkeit
- » Kontrolle
- » Wahrheit
- » Geduld
- » Einhalten von Regeln
- » Rang / Status
- » Klarheit
- » Halten an Hierarchien
- » Gerechtigkeit
- » Sicherheit
- » Titel

LEVEL ORANGE

Der Mensch im 5. Level hat stets den eigenen Erfolg im Fokus, mit dem Ziel seinen Wohlstand zu erhalten und zu mehren. Er hat viel Energie und Zielstrebigkeit. Dabei hat er den Blick auf das Ganze, sein Erfolg geht nicht zwangsläufig auf Kosten der anderen. Ihn zeichnet die Weiterentwicklung mit einer klaren Zielorientierung und ständiger, rasanter Leistungssteigerung aus. Er ist rastlos. Prozessorientierung und Zielvereinbarungen prägen die Zusammenarbeit.

Kennzeichnende Werte sind:

» Leistung
» Prestige (Status-Symbole)
» Verantwortung
» Persönlicher Erfolg + Gesamterfolg
» Status / Status-Symbole
» Karriereorientierung
» Wettbewerb
» Produktivität
» Zielorientierung
» Gewinnorientierung
» Prozessorientierung
» Ergebnisorientierung
» Wohlstand
» Herausforderung
» Unternehmerisches Denken
» Selbständigkeit
» Akzeptanz
» Konzentration
» Wertschöpfung
» Monetäres und wirtschaftliches Wachstum

LEVEL GRÜN

Der Mensch im 6. Level sieht Erfolg als das Ergebnis der richtigen Team-Konfiguration. Sein Denken ist auf Zielerreichung aus, was aber mit Teamdenken, gemeinsamem Handeln und Konsensbildung kombiniert ist. Sein Ziel ist es, als Gemeinschaft langfristige Erfolge zu sichern. Begegnungen, Personen und Beziehungen sind ihm wichtiger als die Sache. Er befindet sich in ständigem Dialog mit seiner Umgebung. Im Vergleich zu Blau und Orange denkt Grün weniger absolut, sondern wägt verschiedene Meinungen ab. Für ihn gibt es mehrere Bücher, nicht nur ein Buch. Begriffe wie Partizipation und Einbeziehung für ihn in der Zusammenarbeit wichtige Begriffe.

Kennzeichnende Werte sind:

- » Kooperation
- » Weltoffenheit (gegenüber der ganzen Welt)
- » Toleranz
- » Harmonie
- » Konsens
- » Verantwortung für den Anderen
- » Dialog
- » Integration (von Menschen)
- » Empathie
- » Partizipation
- » Gleichwertigkeit
- » Wertschätzung
- » Fairness
- » Menschenrechte
- » Anpassung
- » Gemeinsamkeit / Gemeinschaft
- » Langfristige Erfolgssicherung
- » Persönliches und menschliches Wachsen

Dieses war der letzte Level im ersten Rang. Ab hier beginnt der zweite Rang, was bedeutet, dass sich die Levels wiederholen, jedoch auf einer höheren Ebene. Jetzt liegt der Fokus auf der Sinnhaftigkeit und den Sinnbedürfnissen.

LEVEL GELB

Der Mensch im 7. Level Gelb ist als erster in der Lage, die Stärken aller vorigen Levels zu erkennen, zu nutzen und zu kombinieren. Die bisherigen Levels haben die Welt und das Verständnis zur Welt nur aus ihrer Perspektive als richtig angesehen. Diese Multiperspektivität war ihnen verschlossen. Bei Gelb liegt der Fokus auf Wissensvermehrung, Flexibilität, Kompetenz und Unabhängigkeit. Materieller Besitz, Macht und Status sind zweitrangig. Der gelbe Mensch denkt multiperspektivisch und systemisch mit großem Abstraktionsvermögen. Netzwerken und wechselnde Kooperationen gehören zur Tagesordnung. Rang und Status sind nicht wichtig, Kompetenz und Wissen werden angestrebt. Gelb ist das Beige des zweiten Rangs.

Kennzeichnende Werte sind:

» Individualität
» Selbstreflexion
» Multiperspektivität
» Systemische Integration
» Wissen
» Kreativität
» Persönliche Entwicklung
» Integration
» Eigenverantwortung
» Vernetzung
» Lebenslanges Lernen
» Wertschätzung von Einzigartigkeit
» Vision
» Autonomie
» Profunde Kompetenz
» Lebendiges Wachstum (geistig / Wissen)
» Integration (von Wissen)
» Offenheit (gegenüber anderen Meinungen und Wissen / polykontexturale Logik)
» Innovation

LEVEL TÜRKIS

Der Mensch im 8. Level handelt ausschließlich in Richtung Nachhaltigkeit und Ganzheitlichkeit. Türkis denkt holistisch-global, ökologisch und intuitiv. Er konzentriert sich auf das Wohlergehen der Welt und richtet sein Leben und Arbeiten gänzlich danach aus. Durch diese oder seine altruistische Haltung kann er sowohl Beobachter, als auch Gestalter sein. Türkis ist das Purpur des zweiten Rangs.

Kennzeichnende Werte sind:

» Nachhaltigkeit
» Holon (Ganzes als Teil eines anderen Ganzen)
» Verantwortung für die Zukunft des Lebens
» Systemisches Handeln
» Akzeptanz globaler Komplexität
» Verbesserung der Lebensbedingungen aller Lebensformen
» Unternehmerische Verantwortung für die Gemeinschaft
» Gesellschaftlicher und ökologischer Sinn und Gesamtzusammenhang
» Kollektive Intuition
» Orientierung an der Natur
» Spirituelles Bewusstsein
» Zum Wohle der Menschheit
» Hohe Ideale
» Globale Aussöhnung
» Selbstorganisation lebender Systeme
» Weitsichtigkeit
» Netzwerkintelligenz

LEVEL KORALLE

Der Mensch im 9. Level ist der Rote im zweiten Rang. Er ist ich-bezogen und lebt mit dem Wissen, dass es keine Grenzen gibt, die nicht durch menschliches Tun und Sein erzeugt werden. Durch und durch mit Liebe und Respekt zu allen lebenden Wesen erfüllt, wird er durch sein Charisma die Menschen motivieren, neue Wege zu gehen und Grenzen zu überschreiten. Wie der 1. Level ist auch der 9. Level nicht direkt Gegenstand des entwickelten Systems und wird somit ebenfalls nicht gemessen.

DIE GRUNDGEDANKEN
DER 9 LEVELS

Das Modell beschreibt Systeme in Personen, Gruppen und Organisationen – nicht Systeme von Menschen und Organisationen. Es ist keine Typologie. Es geht darum, das „warum" hinter dem Verhalten zu sehen. Warum jemand mit welchen Wertesystemen anderer Levels besser oder eben gar nicht gut zurechtkommt. Voraussetzung dafür ist, dass diese Person, Gruppe oder Organisation das aktuelle eigene Wertesystem und die Bewusstseinsebene versteht, sowie Veränderungen um sich herum – im eigenen Umfeld oder auf dem Markt – sieht und klar wird, dass etwas angepasst werden muss. Die 9 Levels helfen, das Verständnis für andere Werteorientierungen zu bekommen, ebenso wie das Verständnis, nötige Veränderungen einzuleiten.

Die 9 Levels haben 3 Grundprinzipien:
» Es gibt Entwicklungsstufen, die Personen, Gruppen und Organisationen durchlaufen. Diese sind immer gleichartig und aufeinander aufbauend.
» Es gibt Voraussetzungen für die Veränderung – nur so kann eine Veränderung stattfinden. Diese 7 Voraussetzungen des Könnens und Wollens werden später beschrieben.
» Es gibt sogenannte Begleitvarianten, mit denen Personen, Gruppen und Organisationen in dem Veränderungsprozess begleitet werden können.

Typische Leitsätze für die Arbeit mit den 9 Levels:
» „Die Lösungen von gestern sind die Probleme von heute, die Lösungen von heute, die Probleme von morgen."
» „Die Komplexität des Denkens muss die Komplexität des Problems übersteigen."

> » „Im Endeffekt wird komplexeres Denken weniger komplexes ausstechen, weil es höhere Freiheitsgrade im Umgang mit den veränderten Umständen erlaubt."
> » „Jeder hat das Recht, so zu sein, wie er ist. Lehre Menschen, die Qualität ihrer Arbeit zu erhöhen, indem du ihren Denkweisen gerecht wirst und nicht von dir selbst ausgehst."
> » „Menschen sollten sich nicht zu sehr verändern müssen, um ihre Arbeit zu tun. Setze sie gemäß den vorhandenen Stärken ein."
> » „Erleichtere Veränderung und gib Unterstützung für die, die Veränderung wählen. Bestrafe die übrigen nicht für das, was sie sind (und bleiben wollen)."

Die Einsatzmöglichkeiten des Modells

Das Modell der 9 Levels of Value Systems stellt das Grundmodell dar, das Wertesysteme von Personen, Gruppen und Organisationen erklärt und darstellt.

Wie schon vorab genannt, sind Wertesysteme für viele Menschen nur sehr schwer greifbar. Um diese fortan messbar zu machen, haben wir bei 9 Levels 3 Analyse-Tools entwickelt und uns dazu Unterstützung aus der Wissenschaft geholt. Damit wurden die Tools, die sich in der Beratungs-, Coaching- und Trainingspraxis bewährt haben, entsprechend wissenschaftlich abgesichert.

Grundsätzlich gibt es in dem zentralen Modell der 9 Levels die zuvor bereits angesprochenen drei Perspektiven – oder drei Brillen – mit denen Wertesysteme betrachtet und analysiert werden. Jeweils in der IST-Situation und fallweise auch mit der gewünschten SOLL-Situation. Die Einsatzgebiete des Modells sind:

Personal Value System – mit Fokus auf die Person
» Einzelcoaching
» Outplacement
» Placement
» Recruiting / Assessment Center
» Karriereberatung
» Führungskräfte-Coaching
» Nachwuchsführungskräfte-Entwicklung

Group Value System – mit Fokus auf die Gruppe / das Team
» Teamentwicklung
» Teamcoaching
» Führungskräfte-Entwicklung
» Vertriebsoptimierung
» Prozessoptimierung

Organisation Value System – mit Fokus auf die Organisation
» Unternehmenskulturveränderung
» Schnittstellenoptimierung
» Organisationsentwicklung
» Change Management

WERTESYSTEME UND IHRE BEDEUTUNG

Warum sind Werte (-systeme) wichtig?

Jeder Mensch braucht Werte, um sich zu orientieren und Halt zu haben. Werte bestimmen unser Handeln, ohne dass uns dieses bewusst ist. Sie sagen uns, ob etwas gut oder schlecht ist, ob wir etwas annehmen oder ablehnen, wie wir uns in Situationen verhalten sollen oder besser nicht und so weiter. Werte sind unser ständiger Begleiter in allen Lebenssituationen.

- » Werte treiben Menschen an.
- » Werte geben Richtungen an.
- » Werte stellen das Fundament für Be-Wertungen dar. Was ist richtig und was ist falsch?
- » Erfüllte Werte machen uns glücklich und erfolgreich.
- » Unerfüllte Werte machen uns entsprechend unglücklich und erfolglos.

Wenn wir uns diese Kenntnis zur Seite nehmen, können wir den Einfluss von Werten und Wertesystemen auf unser Tun und Handeln in Bezug auf das Modell der 9 Levels sehr schön veranschaulichen. Viele Modelle setzen an den Verhaltensweisen von Personen an, oder an nicht veränderbaren Typologien. Das Modell der 9 Levels geht tiefer, weil es eben die Werte analysiert und erfasst und einen umfangreichen Aufschluss darüber geben kann, wie Menschen, Abteilungen und Organisationen funktionieren und wie Unternehmenskulturen geprägt sind. Welche Werte auf die einzelnen Levels zutreffen, habe ich bei den entsprechenden Erklärungen im Kapitel „Die Levels des Modells" (S. 54) aufgelistet.

Es hat nicht nur jeder Mensch andere Werte, die für ihn maßgebend sind, auch die Rangfolge der einzelnen Werte ist bei jedem unterschiedlich. Ist es dem einen zum Beispiel besonders wichtig, in Harmonie zu leben – auch wenn das bedeutet, eigene Interessen hinten an zu stellen – ist es dem anderen von oberster Priorität, sein gesetztes Ziel zu erreichen, auch wenn das auf Kosten anderer geht. Auch hat jeder von uns ein anderes „Werteverständnis", was bedeutet, dass ein Wert bei dem einen völlig anders interpretiert wird, als bei dem anderen. Wenn wir uns den Wert „Aufrichtigkeit" anschauen, kann das für eine Person bedeuten, anderen gegenüber immer ehrlich und authentisch gegenüberzutreten, andere sehen darin die Möglichkeit, kompromisslos den eigenen Standpunkt zu vertreten. Werte bestimmen also, wie wir die Welt sehen, woran wir glauben und was wir als gut oder schlecht empfinden.

Glaubenssätze und Werte sind Antreiber und Bremser unserer Fähigkeiten zugleich.

Im zwischenmenschlichen Kontext sind unterschiedliche Wertevorstellungen ein idealer Nährboden für Schwierigkeiten und Konflikte. Aber auch eine Person selbst kommt eine innere Bedrängnis, wenn sie gegen ihre eigenen Werte handelt oder dazu gezwungen wird, dies zu tun. Wenn wir diese beiden Sichtweisen anschauen, wird deutlich, dass Werte nicht nur eine Rolle im Entstehen und in der Eskalation einer Krisensituation spielen, sondern auch die zentrale Instanz sind für die Bewältigung der Belastung.

Wertesysteme können auch heller oder dunkler werden, wenn sich die Lebensbedingungen verändern. Jeder Mensch hat einen „Dimmer", der es ihm erlaubt, die „Helligkeit" des Wertesystems zu verändern, wenn sich die Bedingungen im Milieu verändern. Die „Reinform" eines Wertesystems ist praktisch nicht zu finden. Was wir als Level bezeichnen, stellt die stärkste Ausprägung des Wertesystems dar. Der Mensch kann sich in unterschiedlichen Lebensbereichen oder Situationen auf verschiedenen Levels befinden. Der leistungsorientierte orange Geschäftsführer kann im Kreise seiner Familie zum Beispiel tiefblau sein – und wiederum absolut rot, wenn er den Kick beim Basejumping sucht.

Wertesysteme und Bewusstsein:
Wenn sich ein Mensch eines Sachverhalts oder eines Zustands bewusst ist, dann nimmt er dieses Etwas wahr und denkt darüber nach. Das setzen wir dem voraus. Bewusstsein ist damit zuallererst eine Funktion des Psychophysischen, der Wahrnehmungsorgane, des Gehirns. Mit dem Verstand versucht der Mensch sich seine Wahrnehmung zu erklären – er betrachtet das äußere Etwas oder er richtet seine Aufmerksamkeit auf innere Prozesse. Der Mensch erklärt sich, was ist. Das tut er durch sein menschliches Bewusstsein, das aus mehreren Bereichen besteht und wiederum unterschiedlichen Bewusstseinsstufen angehören kann.

Bewusstseinslevel
= Bewusstseinsstufen
= Bewusstseinsebene

Der Bewusstseinslevel ist durch spezifische Wertehaltungen / Wertehierarchien / Wertesysteme geprägt. Verändert sich die Lebenssituation in einem bestimmten Bereich, so wechselt die Person (unbewusst) auf einen anderen Bewusstseinslevel in diesem Bereich, auf der sie versucht, eine Lösung für die Situation zu finden. Es ist möglich, dass die Person mehrere gut ausgeprägte Levels besitzt und situationsbezogen zwischen den Levels hin- und herwechselt. Hier spricht man auch von Coping-Mechanismen, die ich zu Anfang bereits angesprochen habe und auf die ich gleich auch noch einmal zukomme.

Werte-Mix – nichts ist absolut

Keine Person, keine Gruppe und keine Organisation besitzt ein eindeutiges Wertesystem – vielmehr ist es ein Mix aus aktuellen und vorhergehenden Werten sowie deren Zusammenhängen und Systemen. Der Vergleich mit einem Dimmer in einem Lichtschalter verdeutlicht dies: So wie man in einem Haus in mehreren Ebenen ein Licht anhaben kann, so ist dies auch im Modell der Fall. Geht man auf den nächsten Level, so dimmt man die vorhergehenden Wertesysteme meist etwas herunter und dreht auf der aktuellen Ebene entsprechend mehr auf.

COPING-MECHANISMEN

„Probleme kann man niemals mit derselben Denkweise lösen, durch die sie entstanden sind." Albert Einstein

Weil sich unsere Welt in einem ständigen Wandel befindet, müssen auch wir als Menschen uns ständig neu orientieren und anpassen. Genau das gleiche trifft auf Systeme zu. Das Ganze funktioniert natürlich auch anders herum: Durch die ständigen Anpassungen und Veränderungen unsererseits, beeinflussen wir wiederum die Umwelt. Alles – die Welt und auch wir darin mit unserem Tun und Handeln – steht also in einer ständigen Wechselbeziehung. Auf alles erfolgt eine Reaktion. Diese Wechselbeziehungen nennt Graves „Coping-Mechanismen".

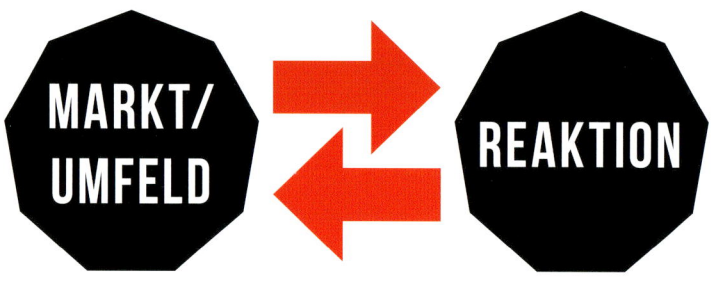

Diese Coping-Mechanismen sind die Veränderungen von einer Ebene zur nächsten. Bei diesem Vorgang schließt jede neue Ebene die Werte der vorhergehenden Werte mit ein. Und da jede Veränderung meist damit einhergeht, dass Vertrautes und Bewährtes ebenso verändert oder sogar aufgegeben werden muss, sind Konflikte regelrecht vorprogrammiert. Die Menschen darin werden von Ängsten heimgesucht – Ängste um Machtverlust, Prestigeverlust, Besitzverlust und so weiter.

„Die Schwierigkeit liegt nicht darin, die neuen Ideen zu finden, sondern darin, die alten loszuwerden." Baron Keynes

Gründe für Veränderungen

Welche Gründe sind nun solche auslösenden Momente? Was veranlasst eine Veränderung – einen Coping-Mechanismus?

Veränderungen – ob persönlicher Natur oder in Gruppen und Organisationen – können sehr vielfältig sein. Veränderungen in den Wertesystemen passieren nicht von einer Minute auf die nächste. Sie sind vielmehr langsame und eher schleichende Prozesse, die jedoch hin und wieder einen symbolhaften Ausbruch haben. Das Wertesystem hat sich bereits verändert, und dann wird an irgendeiner Stelle nur noch der entscheidende Triggerpunkt gedrückt.

Bei Menschen kann das der Verlust des langjährigen Jobs sein, oder der Einstieg in eine neue Position, ein neues Familienmitglied, der Verlust eines geliebten Menschen, eine folgenschwere Diagnose, und und und. Bei Gruppen können das neue Aufgaben und Regelungen, ein neuer Vorgesetzter, andere Vergütungsprozesse oder ein fehlgeschlagenes Projekt sein. In Organisationen können das ein Wechsel in der Geschäftsleitung sein wie zum Beispiel ein Generationswechsel, der Wegbruch eines wichtigen Kunden, Umstrukturierungen, neue Führungskräfte mit neuen Denkansätzen oder andere Ablauf- und Aufbauorganisationen sein. In Gesellschaften kann das die Konjunktur sein, das Entstehen neuer Parteien oder ein Regierungswechsel, große Katastrophen wie Fukushima, eine Gesundheitsreform oder eine Finanzkrise – um nur einige Gründe für Veränderungen zu nennen.

Egal, welcher Art die Veränderungen letztendlich sind: Wir Menschen stehen dem meistens mit Angst und Skepsis gegenüber. Das wiederum hat Einfluss darauf, wie wir mit einer notwendigen Veränderung umgehen. Sträuben wir uns vehement dagegen? Leisten wir passiven Widerstand? Gelingt es uns, die Ängste und die Skepsis zu bekämpfen? Gelingt es Unternehmen, die Ängste, Vorbehalte und Unsicherheiten ihrer Mitarbeiter abzubauen? Jede Aktion hat dementsprechend eine Reaktion zu erwarten.

DIE DYNAMIK DES MODELLS

Alles um uns herum ist in Bewegung und gerade die Wertesysteme unterliegen darin einer Entwicklung. Je nachdem welche Einflüsse von außen oder auch von innen auf den Menschen zukommen, streben sie die eine oder andere Veränderung an. Das wiederum hat ein Verschieben seiner Wertesysteme zur Folge. Aus diesem Grund ist es wichtig, ein dynamisches Modell zu nutzen, das sich ebenso wie wir und unsere Umwelt immer wieder an neue Situationen anpassen kann. Auf diese Weise können wir Veränderung besser verstehen und auch ermöglichen. Die 9 Levels „Wendeltreppe" ermöglicht genau das.

Die Wendeltreppe - Stairway to Heaven?

Auf einer Wendeltreppe ist man immer in Bewegung – es gibt kein Podest, auf dem man sich ausruhen könnte. Auch wenn wir uns scheinbar auf einem Level „ausruhen", sind wir darin doch ständig in Bewegung und streben weiter in unserer Entwicklung. Das Modell der 9 Levels mit seiner Wendeltreppenstruktur veranschaulicht sehr gut diese stetige Weiterentwicklung unserer Werte und zeigt die ganze Dynamik und Komplexität, die in diesem System stecken.

Jede Ebene hat dabei ihre Berechtigung – abhängig von den Rahmenbedingungen, die die Umwelt an die Person, die Gruppe oder die Organisation stellt. Es kommt dabei nicht darauf an, schnell höher und weiter zu kommen oder besser zu sein. Es kommt vielmehr darauf an, zu sehen, ob die Wertesysteme zu den Herausforderungen der Lebenswelt passen. Demnach ist es kein „stairway to heaven".

Die zwei Seiten des Modells

Es gibt im Modell zwei Seiten auf der Wendeltreppe. Vergleichbar mit einem zentralen Treppenhaus eines Hauses. Die linke Seite ist die Seite mit **WIR-Bezug**. Menschen auf dieser Seite ist es wichtig, dass es der Gruppe oder Organisation, in der sie sich befinden, gut geht. Sie selbst kommen erst an zweiter Stelle. Der Wir-Bezug ist geprägt von der Orientierung in einer Ansammlung von Individuen. Man ist bereit, sich für die Gemeinschaft einzubringen und erwartet nicht sofort und unmittelbar einen eigenen Nutzen oder Mehrwert. Im englischen Sprachgebrauch wird auch von „sacrifice now – reward later" gesprochen: Ich bringe mich jetzt ein und der Anreiz / die Belohnung kann später erfolgen. Man versucht sich eher der Umwelt anzupassen.

Ganz anders sieht das auf der rechten Seite aus. Hier halten sich Menschen auf, die vorerst an ihr eigenes Wohl denken, also sehr stark auf sich selbst fokussiert sind. Das ist die Seite mit dem **ICH-Bezug**. Der Ich-Bezug orientiert sich an sich selbst und den eigenen Interessen. Man versucht eher, die Umwelt sich anzupassen.

Die Axiome des Modells

» Das Modell der 9 Levels of Value System beschreibt, wie Menschen / Systeme denken, nicht wie sie sind. Es gibt Aufschluss warum Systeme / Menschen sich so oder anders verhalten.

» Alle Ebenen des Modells sind absolut gleichwertig, keine ist schlechter oder besser. Es kommt vielmehr auf die Passung mit der Umwelt an.

» Jede neue Ebene entsteht aus der Reaktion auf die bisherige Ebene.

» Die Entwicklung geht von unten nach oben, ein Überspringen einer Ebene ist nicht möglich (Es gibt keinen Aufzug!)

» Obere Ebenen implizieren untere Ebenen. Die Komplexität nimmt zu.

Wichtiger Aspekt zum Einsatz des Modells:

» Fragen Sie sich immer, „warum" jemand etwas tut, nicht „was" er tut!

» Das Modell ist ein Entwicklungsmodell, keine Typologie! Es beschreibt Systeme in Menschen (Unternehmen oder Systemen), nicht Typen von Menschen (Unternehmen oder Systemen).

Die allgemeine Beschreibung der Levels haben Sie bereits kennengelernt. In den folgenden Ausführungen werde ich allgemeine Beispiele aus dem täglichen Leben aufgreifen und direkt darauf die Levels zusätzlich auf die drei Analysetools Personal Value System, Group Value System und Organisation Value System fokussieren.

DIE LEVELS DES MODELLS

1. Level: Beige

Ein Neugeborenes startet auf dem beigen Level und ist zunächst nur am blanken Überleben interessiert. Sobald es versucht, sich die Welt zu erklären und Gestalten wie Nikolaus, Osterhase und die Schnullerfee auftauchen, erscheint der Level Purpur. Bald will es seine eigenen Interessen durchsetzen, die Trotzphase beginnt und es zieht sein Ding durch. Im Sandkasten wird das Schäufelchen rabiat und teils gewaltsam verteidigt. Etablieren nun Eltern eine antiautoritäre Erziehung, so mauern sie den Weg zu Blau zu. Wenn ein Kind keine Regeln, keine Ordnung erlebt und erfährt, kann Blau schlecht entstehen. Und wenn das Kind dann in ein blaues System wie Schule kommt, sind massive Probleme vorprogrammiert.

1. Level: Beige Personal

Beige ist der Level des „Überleben-Wollens", die Lebenssicherung steht im Mittelpunk des Daseins.

Der 1. Level zeichnet sich dadurch aus, dass es primär um das Überleben des Einzelnen geht. Die menschlichen und biologischen Bedürfnisse des Menschen nach Nahrung, Wasser, Wärme und Sicherheit stehen im Mittelpunkt und bestimmen den Tagesablauf. Der Körper sagt, was er braucht. Die Umwelt hat einen massiven Einfluss auf den Menschen des 1. Levels. Die klimatischen Bedingungen, das Nahrungsvorkommen und die feindlichen Gefahren anderer Lebewesen in der Umgebung prägen die Werte. Der Mensch lebt von dem, was sein Umfeld bietet. Die Reaktionen sind meist reflexhaft und reaktiv. Der Mensch lebt mit der Urangst, dem Verlust der überlebenswichtigen Kräfte. Er hat noch kein Raum- und Zeitempfinden. Er lebt im Hier und Jetzt. Beige verfügt jedoch über die Intuition zu anderen

Dimensionen der Zeit und Raumwahrnehmung, die den hochentwickelten Menschen fast völlig abhanden gekommen sind. Man erlebt dieses, wenn hoch zivilisierte Menschen Naturkatastrophen erleben oder man sie in Survivalcamps einlädt. Die Sinneswahrnehmungen sind stark ausgeprägt.

Beige geprägte Menschen im 1. Level kennen keine organisierten Lebensformen oder sozialen Systeme. Der Körper entscheidet, was zum Überleben notwendig ist. Gewohnheiten und instinktives Verhalten sichert ihnen das Überleben. Der Kampf darum ist ihre treibende Kraft. Hellsichtigkeit oder der 7. Sinn wird ihnen nachgesagt, weil ihr Denken nur auf das Wesentliche und aktuell Relevante beschränkt ist. Beiges Denken und Handeln sind heute regressive – also sich zurückbildende – Zustände, wie nach schweren Unfällen, Krankheiten, psychischem Trauma oder Demenz im Alter. Vereinzelt gibt es noch kleine Gruppen von Eingeborenen, die in steinzeitlichen Strukturen leben, mit starkem beigen Einfluss. Es kann aber auch situationsbedingt auftreten, z.B. beim Verlust von Sinneswahrnehmungen bei Trunkenheit oder Drogen. Der Mensch im 1. Level ist egozentrisch und Ich-bezogen.

1. Level: Beige Group

Die Gruppe in beige ist ein kleiner, loser Verband, der keine Organisationsstrukturen aufweist. Die Gruppe fühlt sich als Teil der Natur. Sie dient lediglich dem Überleben und der Vermehrung. Die Sinne der einzelnen Mitglieder sind stark ausgeprägt, was für den täglichen Überlebenskampf wichtig ist. Die Fähigkeit einer nonverbalen Kommunikation innerhalb der Gruppe macht eine schnelle und vom Instinkt geleitete Reaktion bei Gefahren möglich. Da Beige ich-bezogen ist, versucht letztlich jeder in der Gruppe alleine zu überleben.

1. Level: Beige Organisation

Eine Organisation auf dem Beigen Level gibt es nicht. Beige ist auf der fundamentalsten Bewusstseinsstufe und daher nicht in der Lage, soziale Systeme oder organisierte Lebensformen zu bilden. Selbst wenn Unternehmen in existenzielle Situationen geraten, überwiegen meist noch die schon weiterentwickelten Wertesysteme.

2. Level: Purpur

Menschen, die in Sippen und Clans zusammenleben – wie beispielsweise die Glaubensgemeinschaft der Amish – fallen in den Level Purpur. Mitglieder dieses Clans lehnen sämtliche technische Entwicklungen ab und leben abgeschieden in Siedlungen in Kanada und den USA noch wie ihre Vorfahren im 18. Jahrhundert. Die Worte der Bibel sind Pflicht und nicht zu hinterfragen, andere Interpretationen dafür sind tabu. Durch die Taufe werden die Menschen dort zu vollwertigen Mitgliedern ihrer Gemeinschaft und müssen sich Verpflichtungen und Bindungen unterwerfen. Nach Vorstellung der Amish bedeutet ein gutes und streng religiöses Leben geführt zu haben, die Garantie zum Eintritt in ein göttliches Paradies nach dem Tod.

2. Level: Purpur Personal

Dies ist der Level der Ahnen, also der Gruppe, der Familie, der Sippe – in der heutigen Zeit der Vereine, der Verbindungen, der patriarchalisch geführten Kleinunternehmen.

Der Mensch auf dem Level Purpur sieht sich als Teil eines sozialen Systems, vergleichbar einem Familienmitglied. Die Familie – oder das System – gibt ihm Schutz, Geborgenheit und das ihm so wichtige

Gefühl der Zugehörigkeit. Dass die Regeln von einem anderen bestimmt werden, stört den purpurnen Menschen nicht. Im Gegenteil: Er fühlt sich darin gut aufgehoben und überaus wohl „in seiner Haut". Ist der Mensch der Regent eines sozialen Systems, sieht er sich auch in der Verantwortung gegenüber den Mitgliedern darin. In dieser Rolle sorgt er nicht nur für seine „Schäfchen", sondern begegnet ihnen ebenso autoritär. Er stellt seine Entscheidungen und Handlungen niemals in Frage, sondern sieht seine Vormachtstellung als etwas absolut legales. Die ihm folgende Hierarchie ist klar strukturiert und seine Nachfolger stehen von vornherein fest. Die Schäfchen vergöttern ihren „Leithengst" und würden dessen Autorität niemals anzweifeln, schließlich kann er sie als einziger durch seine Macht vor gefährlichen Situationen und Angriffen von außen schützen. Als Oberhaupt ist es ihm wichtig zu erfahren, was jedes einzelne Mitglied seiner Gruppe beschäftigt – was aber letztendlich getan wird, ist allein seine Entscheidung.

Menschen im Level Purpur denken verstärkt mit der rechten Gehirnhälfte, sind somit sehr visuell geprägt und haben ein stärkeres Bewusstsein für Körper und Raum. Die rechte Gehirnhälfte setzt viele Eindrücke zu einem Gesamtbild zusammen: sehen wir über uns dunkle Wolken aufziehen, nehmen wir auch gleichzeitig unbewusst den veränderten Luftdruck wahr, den Geruch nach Regen, den aufbauenden Wind, die ersten Blitze in der Ferne – jetzt ist es besser, sich ein trockenes Plätzchen zu suchen. Im Level Purpur ist dieses Empfinden entsprechend verstärkt ausgeprägt, während Menschen anderer Levels womöglich erst nass werden müssen, bevor sie die sich aufbauende Gefahr eines Gewitters überhaupt erst als solche wahrnehmen. Auch mit allem, was Kreativität und Gefühle angeht, ist der Purpurne Vorreiter und hat einen ausgeprägten Faible für Menschen, die durch besondere Fähigkeiten herausstechen, wie zum Beispiel durch eine ungewöhnlich ausgeprägte Form der Wahrnehmung. Alles, was bereits geschehen ist, bringt er in Zusammenhang mit Erfahrungen, involvierten Menschen und Orten. Zu welchem Zeitpunkt das war, in welchem Monat oder Jahr, ist für ihn nicht relevant. Ganz wie wir das von den Naturvölkern kennen, glaubt der Mensch im Level Purpur an höhere Kräfte der Natur, an Geister und die Macht der Seelen von Verstorbenen. In Riten werden die übermenschlichen Kräfte verehrt und mit Opfergaben besänftigt. Auf die zivilisierte Welt bezogen haben auf diesem Level Familienrituale, Traditionen und Gemeinschaft einen hohen Stellenwert.

Level Purpur Menschen fühlen sich in ihrer Rolle und ihrer damit verbundenen Aufgaben und Arbeit als Teil einer Gruppe absolut wohl. Sie genießen es, gebraucht zu werden und stecken dabei ihre eigenen Bedürfnisse zurück. Dieser absolute Wir-Bezug lässt diese Menschen nicht aus ihren festgelegten Rollen heraus – es sei denn, das Oberhaupt entscheidet anders. Dieses wird stillschweigend akzeptiert.

Persönliche Werte sind Identifikation, Solidarität, Opferbereitschaft und Brauchtum. Insgesamt ist die Abhängigkeit von der Gruppe sehr groß.

2. Level: Purpur Group

Im Level Purpur liegt der Fokus ganz klar auf der Gruppe, was durch den Wir-Bezug deutlich wird. Stellt die Umwelt Anforderungen, tritt die geschlossene Gruppe diesen gegenüber. Am wichtigsten ist es, die Existenz und das Überleben der Gruppe sicherzustellen. Die klare Struktur innerhalb dieses Systems sorgt dafür, dass jeder eine Rolle hat mit bestimmten Aufgaben. Dabei sind die Aufgaben allerdings niemals so komplex, dass nicht ein anderer diese übernehmen könnte, wobei Männer und Frauen klassische Rollen einnehmen. Wer welche Aufgaben übernimmt, bestimmt letztendlich das Oberhaupt der Gruppe, der sich zwar solidarisch gibt, aber letztendlich doch alleine die Entscheidungen trifft, was vollends von der Gruppe akzeptiert wird.

Wie sich die einzelnen Ritterclans im Mittelalter durch individuelle Zeichen voneinander abgrenzten, machen es auch die Mitglieder des Levels Purpur. Eine klare Zugehörigkeit wird damit ebenso kommuniziert wie der Stolz jedes Einzelnen, Teil dieser Gruppe zu sein. Dieser individuelle Stolz geht mit hoher Abhängigkeit einher. Auf der einen Seite wird die Gruppe durch dieses übermäßig ausgeprägte Gefühl des Zusammenhalts extrem stark – auf der anderen Seite bedeutet ein Neuling in der Gruppe ein wunder Punkt des Systems und kann dieses schwächen. Entweder gehört man voll und ganz dazu, oder man ist isoliert.

Alle Völker haben purpurne Wurzeln – einige leben immer noch in Stammesverbänden, aber auch in modernen Gesellschaften zeigen sich diese in der Pflege von Brauchtümern und Ritualen, wie zum Beispiel auf Heimatfesten. Leider hört man heute vor allem im negativen Sinne von Gruppen im Level Purpur: Ethnische Auseinandersetzungen wie der Krieg in Bosnien und andere rassistische Gewalttaten haben oft purpurne Wurzeln.

2. Level: Purpur Organisation

Unternehmen auf dem Level Purpur haben meist wenige Mitarbeiter und werden von einem Geschäftsführer geleitet, der als Patriarch agiert. Darunter fallen zum Beispiel Betriebe im Familienbesitz, die von nur einem Familienmitglied geführt werden. Die Kunden dieser kleinen Unternehmen sind meist Einzelpersonen oder ebenfalls kleine Unternehmen. Die Firma ist sehr stark regional ausgerichtet, wobei die Region eine sichere Abnahmequelle der produzierten Güter oder verkauften Dienstleistungen darstellt. Es ist sehr wichtig, dass hier alles aufeinander abgestimmt ist und bestens harmoniert.

Die Erwartungen des Geschäftsführers an die Mitarbeiter ist vergleichbar mit der Situation von Kleinbetrieben aus dem vorigen Jahrhundert: die Identifikation mit dem Arbeitgeber wird genauso erwartet wie absolute Treue und Verzicht. Die Mitarbeiter sind stark in das Unternehmensgeschehen integriert, aber letztlich gilt auch hier das Wort des Oberhaupts, dessen finale Entscheidungen nicht infrage gestellt werden. Dabei sind das Wohl der Angestellten und deren Absicherung ebenso wichtig, wie insgesamt das Fortbestehen des Betriebs zu sichern. Maßnahmen, die zur Umsetzung dessen durchgeführt werden müssen, werden weder festgelegt noch sind sie irgendwo schriftlich festgehalten. Sie beruhen schlichtweg auf Selbstverständlichkeit.

Die Hierarchie in purpurnen Unternehmen ist in maximal zwei Ebenen aufgeteilt, mit dem Patriarchen an der Spitze, gefolgt von der zweiten Stufe, auf der sich feste Strukturen zeigen, in denen jeder Mitarbeiter seinen Aufgabenbereich hat. Obwohl noch weitere Mitarbeiter in einer unteren Hierarchiestufe folgen würden, gibt es keine definierte Zuständigkeit derer. Hier werden die Leute entsprechend ihrer Qualifikationen eingesetzt. Umfasst die gesamte Organisation mehr Leute, gibt es auch auf der nicht definierten untersten Stufe eindeutige Verantwortungsbereiche wie zum Beispiel den Einkäufer. Auch ist es für purpurne Organisationen nicht wichtig, Marktführer auf einem Gebiet zu werden. Priorisiert wird lediglich der Erhalt der aktuellen Stellung. Kleine Pensionen, Gaststätten oder Handwerksbetriebe fallen unter diese Organisationen.

3. Level: Rot

Im roten Level geht es um Macht, Ansehen und den puren eigenen Vorteil. Regeln? Egal. Gesetze? Braucht niemand. Gewinner ist, wer ohne Rücksicht auf Verluste nach vorne pirscht. Ein roter Bankangestellter zum Beispiel, der eine DVD mit Daten aus einer blauen Schweizer Bank stiehlt und sie dem deutschen Staat anbietet, weil darin Steuerflüchtlingsdaten zu finden sind. Das blaue Rechtssystem – auf das ich gleich im Anschluss zu sprechen komme – sagt dann, dass sie erst prüfen müssen, ob sie dieses Material rechtsmäßig kaufen dürfen, oder ob es doch Diebesgut ist. Dann nämlich dürfte man es nicht kaufen, auch wenn damit rote Steuerflüchtlinge oder orange Steueroptimierer zu finden wären. Die orange Perspektive – auf die ich auch noch später zu sprechen komme – wägt tendenziell eher ab und fragt, was die Daten kosten und ob dies ein gutes Geschäft sein könnte, denn ein roter Steuerbetrüger wird wohl kaum moralischen Anstand erwarten, dass man ihn blau behandelt. Andere Orange fragen sich, ob dies denn womöglich ein Gerücht ist, dass es die Datei überhaupt gibt. Oder hat die Finte nicht schon genug Steuerflüchtlinge in die Selbstanzeige geführt?

3. Level: Rot Personal

Der Mensch im roten Level ist egozentrisch, selbstbewusst und strebsam, solange es nur um seinen eigenen Erfolg geht. Er entscheidet Dinge impulsiv und vertraut dabei ausschließlich auf sein Können, die Chance des Moments und die Wirkung seiner starken Persönlichkeit auf andere. In Gegenwart einer Gruppe sieht er sich höher gestellt und erwartet, dass ihn andere respektieren, achten und bewundern. Die Gruppe selbst ist ihm egal, es sei denn, er braucht sie für seinen eigenen Vorteil.

Einem „Roten" ist allein der Gedanke, sich anderen auf irgendeine Weise unterwerfen zu müssen, unvorstellbar. Es ist ihm besonders wichtig, seinen eroberten Platz zu sichern, der ihm weder durch üble Nachrede noch durch etwaige Skandale zunichte gemacht werden darf. Was auch immer er tut, geschieht nur, weil er es so will – und dient ausschließlich seinem eigenen Interesse. Er agiert ganz entgegen der Evolutionstheorie von Charles Darwin „Survival of the fittest" – vermutlich hat er die oftmals verwendete falsche Übersetzung dessen („Das Überleben der Stärksten") als sein Credo festgelegt. Wenn er mit dieser Theorie seine Stellung noch weiter ausbauen kann, fühlt er sich bestätigt und ist zufrieden. Sollte etwas einmal nicht so klappen, wie er sich das vorgestellt hat, ist das natürlich ausschließlich die Schuld anderer oder die Bedingungen haben einfach nicht gepasst. Bei sich selbst würde der Rote gar nicht suchen, schließlich kann er sich keine Fehler eingestehen.

Der Ich-bezogene Rote denkt und handelt im Jetzt. Das ist auch der Grund, warum er sich niemals Gedanken darüber macht, welche Konsequenzen sein Handeln auf morgen haben könnten. Vorsorge für den Altersruhestand oder auch medizinischer Natur sind für ihn Nichtigkeiten und passen nicht in seine Denkweise. Er würde sich niemals für etwas verpflichten, das in seinen Augen keinen unmittelbaren Vorteil für ihn darstellt.

Die Ausprägung eines roten Menschen kann sowohl eine positive Tendenz haben, als auch eine negative: Ist die Person positiv gepolt, kann sie durch ihre lebendige und erbauende Art andere Menschen von sich begeistern, die sich auch wiederum gerne in der Nähe der roten Person aufhalten, weil diese sich sicher sein können, dass es nicht langweilig wird. Für Überraschungen ist immer gesorgt. Ist die Person in ihrer Ausrichtung negativ, nehmen die Menschen um sie herum lieber Abstand, weil sie wissen, dass sie zu Schaden kommen könnten. Wer geschäftlich mit einem rot geprägten Menschen zu tun hat, sollte ihm immer vor Augen halten, welche Vorteile er aus der Geschäftsbeziehung haben kann. Versucht jemand, einen Menschen im roten Level zu bedrohen, wird er aller Voraussicht nach den kürzeren ziehen.

Wenn man rote Menschen heutzutage sucht, findet man sie vor allem unter den Extremsportlern: Spaß, Action, das Jetzt zählt, der Kick oder auch nur um zu zeigen „Schaut her – ich bin der Größte!" Insgesamt ist es für rot ausgerichtete Menschen in unserer zivilisierten Zeit eher schwierig, ihre Prägung auszuleben, denn wer sich nicht gut in die Gesellschaft einpassen kann, eckt unweigerlich an, weil er durch sein Anderssein auffällt – und das nicht gerade immer im positiven Sinne. Rot geprägte Jugendliche können es zum Beispiel gar nicht erwarten, sich so schnell wie möglich von ihrem Elternhaus loszulösen und auf die Suche nach neuen Herausforderungen zu gehen. Es kann sogar passieren, dass sie Hals über Kopf das Weite suchen, weil es ohne die Vormundschaft der Eltern sehr viel mehr Spannendes und Neues zu entdecken gibt. Andere vergraben sich in Cyberwelten und suchen sich auf diese Weise einen Ausbruch aus dem für sie einengenden System. Sie sind sich nicht im Klaren darüber, welche Konsequenzen dieses Vorgehen auf ihre weitere Entwicklung hat – denn es zählt das Jetzt.

Wenn man an früher denkt, hatten es rote Menschen damals viel einfacher, ihre Werte auszuleben, schließlich gab es doch so viel zu erobern und noch so viel zu entdecken. Man muss nur an die Kolonialherren denken, die oft mit Gewalt die ansässigen Völker ausgenutzt haben und ihnen ihre eigenen Vorstellungen überstülpen wollten.

3. Level: Rot Group

In einer roten Gruppe hat praktisch jeder die Möglichkeit, Oberhaupt zu sein oder zu werden, sofern
er genügend Egoismus mit einbringt und auf dem
Weg dorthin weder nach links noch nach rechts schaut. Unter der
Führungsperson gibt es eine „erkämpfte" Hierarchie von Macht, für
die jeder seine Position immer wieder verteidigen muss. Das ist auch
der Grund, warum es innerhalb der Gruppe immer wieder zu Macht-
kämpfen kommt, wobei sich da niemand darum schert, ob der Kon-
trahent vielleicht einen Schaden davontragen könnte. Hauptsache,
die eigene Position ist erfolgreich verteidigt, oder man hat es sogar
ein Stück weiter nach oben geschafft. Das Oberhaupt beobachtet
selbstsicher diese internen Rangeleien um die einzelnen Positionen
und kann diese sogar noch mit anstacheln.

Man ist nur deswegen Teil einer Gruppe, weil diese das eigene Wohlergehen und die Existenz sichert. Sollte auch nur der leiseste Zweifel
auftreten, dass diese Bedingungen nicht mehr gegeben sind, wird
die Gruppe verlassen. Das kann natürlich auch dazu führen, dass die
ganze Gruppe aufgelöst wird. Beständigkeit und scheinbare Fairness
sind nur von kurzer Dauer – wenn sie überhaupt Bestand haben – sehr
labil und lassen sich gerne kaufen. Insgesamt kommt der Ich-Bezug
innerhalb der Gruppe sehr stark zum Tragen und wirkt für solch eine
Konstellation höchst kontraproduktiv: Sollten die einzelnen Mitglieder einer Gruppe eigentlich füreinander da sein und sich gegenseitig
unterstützen und stärken, sind rote Gruppen auf äußerst wackeligem
Fundament gebaut. Sieht einer darin keinen Vorteil mehr für sich,
steigt er aus.

Rote Gruppen sind zum Beispiel Gangs in Großstädten, Drogenkar-
telle, revolutionäre Vereinigungen, Sportmannschaften oder stark
verkaufsorientierte Branchen mit Strukturvertrieben.

3. Level: Rot Organisation

Unternehmen des roten Levels sind dort zu finden, wo es darum geht, neue Märkte zu erschließen oder eine Vormachtstellung auf einem eng gewordenen Markt zu erkämpfen. Die Aufgabe dieser Organisationen besteht darin, auf jeden Fall das gesetzte Ziel zu erreichen, nach dem Motto „Koste es, was es wolle". Diese Unternehmen konzentrieren sich überwiegend auf die kostengünstige Massenproduktion von Gütern oder auf Dienstleistungen, die ohne große Investitionen auskommen. Hier wollen sie unschlagbarer Marktführer sein – und mit Billigangeboten punkten.

Diesen Unternehmen ist es ebenso besonders wichtig, unabhängig zu sein und zu bleiben. Mit der richtigen Führungsperson an der Spitze, die von ihren Mitarbeitern voll respektiert und geachtet wird, ist dieses Bestreben auch absolut gesichert. Es herrscht ein starkes Gefühl dazugehören zu wollen und durch die entsprechende Position den eigenen Vorteil daraus ziehen zu können. Auch das Bewusstsein, Macht über andere zu haben, ist ein starker Antreiber für Leistung innerhalb einer roten Unternehmung. Sollte es einmal vorkommen, dass sich in einer Hierarchie-Ebene Fehler eingeschlichen haben, wird alles getan, um diese zu vertuschen. Schließlich werden Fehler oder Missstände mit einer Verfehlung der Unternehmensführung in Verbindung gebracht und dieser sorgt dahingehend dafür, dass der oder die Verursacher nicht ungeschoren davonkommen. Seinen Stand vehement zu festigen und zu verteidigen, ist für das Oberhaupt der roten Unternehmung immer wichtig, denn es drohen ständig Angriffe sowohl von intern als auch von extern. Wer sich innerhalb des Systems auskennt, hat allerdings alle Möglichkeiten der Welt, seinen Interessen nachzukommen.

Genau wie bei Purpur gibt es auch hier keine schriftlich festgehaltenen Strategien oder langfristige und nachhaltige Zielsetzungen. Jeder weiß, was er zu tun hat. Das Prinzip ist schneller Umsatz, eine machtvolle Position auf dem Markt und schnelles Wachstum.

Ein Unternehmen im Level Rot hat oft viele Mitarbeiter, die leicht und schnell ausgetauscht werden können. In der hierarchisch geordneten Struktur hat jede Führungskraft einen eigenen Mitarbeiterstab, der im Vergleich zu anderen Gleichgestellten ähnliche Arbeiten verrichtet und somit auch untereinander ersetzen können. Die Führungskraft holt sich ihren eigenen Nutzen aus der Zusammenarbeit und beutet ihre „Untergebenen" zum einen gerne aus, lässt sie aber auch gleichzeitig am Firmengeschehen teilhaben. Somit fühlen sich die Mitarbeiter nicht nur involviert sondern auch als Teil der Firma, weil sie die gleichen Ziele verfolgen wie ihr Chef. Außerdem wissen die Leute immer, woran sie bei ihrem Vorgesetzten sind, weil dieser sie auf eine Handlung direkt belohnt oder eben bestraft.

Was Unternehmen im roten Level auszeichnet, ist Schnelligkeit, Schlagfertigkeit und Durchsetzungsvermögen. Zu verdanken haben das diese Firmen ihren roten Obrigkeiten, die die Organisation zu dem gemacht haben, was sie jetzt sind. Wer in einer Führungsposition seine Mitarbeiter geschickt einsetzt und der Firmenführung so „gute Karten zuspielt", hat in deren Augen eine verdiente Stellung, die auch gerne weiter zum eigenen Vorteil genutzt wird.

Es müssen nicht gleich ganze Organisationen sein, die rot ausgerichtet sind. In einigen, zum Beispiel blau funktionierenden Unternehmungen, haben sich „rote Schafe" gebildet, die – nur auf ihren persönlichen Vorteil bedacht – eine große Anzahl von Menschen an den existenziellen Abgrund gebracht haben. Ein aktuelles Beispiel dafür sind die kleinen Gruppen von Bankern, die im Jahr 2008 die Finanzkrise losgetreten haben. Durch und durch rot agierende Organisationen findet man vor allem auf neuen Märkten, für die sie sich gleich eine Vormachtstellung erschaffen und sichern können.

4. Level: Blau

Der 4. Level ist der Level der Ordnung, Regeln und Gesetze. Der Mensch darin sucht geradezu nach Struktur und klaren Vorgaben und sieht sich selbst als Teil dieses Ordnungssystems. Wie der Name dieses Systems bereits aussagt, herrschen genau solche geregelten Strukturen vor, und wer Teil dessen sein möchte, muss sich dem selbstverständlich beugen. Dass hier Gerechtigkeit extrem ausgeprägt gelebt wird, ist erwartungsgemäß vorausgesetzt. Ehrlichkeit wird gleichwohl unterstützt wie belohnt. Blaue Menschen sind pflichtbewusst und anständig und fühlen sich in einer Gruppe am wohlsten. Wenn im Winter sensationelle Schneebedingungen herrschen und der frische Tiefschnee lockt, stellen blaue Bergbahnbetreiber gerne (und das mit Sicherheit zu Recht) Warntafeln und Verbotsschilder auf, die die Skifahrer und Freerider davor bewahren sollen, ein Risiko einzugehen – und nicht zuletzt auch, um das eigene Haftungsrisiko auszuschließen. Ich wurde Zeuge davon, als ein recht blau veranlagter Skifahrer an einem solchen „Powderday" vor einem eben solchen Verbotsschild stand, die Lawinensituation und das Risiko einzuschätzen versuchte und zum Entschluss kam: „Komm! Fahren wir trotzdem rein, oder?"

4. Level: Blau personal

In diesem Level tummeln sich ordnungsliebende Menschen, bei denen Recht, Loyalität und Wahrheit großgeschrieben werden. Die hier herrschenden Vorschriften, Gesetze und Zuständigkeiten geben dem Menschen darin den für ihn so wichtigen Halt und Schutz. Es ist eine klare Sache, die ganze Organisation ohne Hinterfragen zu akzeptieren. Wer darin welche Aufgaben hat, ist in einer festgelegten Arbeitsteilung organisiert, wobei Hierarchien untereinander geachtet werden, ohne Angst haben zu müssen, dass „am eigenen Stuhl gesägt werden könnte".

Dem Menschen im blauen Level ist es wichtig, seinen Pflichten nachzukommen, seine Arbeit auf dem gewohnten Niveau zu halten, absolut ehrlich und aufrichtig gegenüber Dritten zu sein und sich besonders stark mit einer Gruppe identifizieren zu können. Die Gemeinschaft selbst gibt ihm die überlebensnotwenige Sicherheit. Um sich in der Gemeinschaft gut aufgehoben zu fühlen, verzichtet der Mensch darin auch gerne auf das Durchsetzen eigener Interessen und passt sich lieber der Allgemeinheit an. Der Wir-Bezug ist extrem stark ausgeprägt, weil sich der blaue Mensch intensiv auf seine Gruppe und deren Werte fixiert. Das macht sich natürlich auch nach außen hin bemerkbar, wie das beispielsweise in einem Verein gegeben ist, bei einem gemeinsamen Hobby, in einer Abteilung und bei Pfadfindern. Diese stark ausgeprägte Zugehörigkeit wird auch gerne in Form von Symbolen oder Einheitskleidung nach außen hin gezeigt. Entsprechende Symbole oder Garderoben können zum Beispiel darauf hinweisen, welcher Vereinigung er überhaupt angehört oder auf welcher Hierarchieebene innerhalb der Gruppe er sich befindet. Gerade letzteres ist besonders wichtig, weil damit eine klare Zuständigkeit fest definiert ist, die ihm die Sicherheit gegenüber seinem Aufgabenbereich bietet. Absolute Transparenz gibt also keine Angriffsfläche für Unklarheiten. Ein blauer Mitarbeiter braucht seine fest vorgegebene Stellenbeschreibung und ist gleichzeitig stolz auf seine Aufgaben. Er versucht, Probleme zu vermeiden und sich stattdessen an den Vorschriften und Regeln „entlangzuhangeln". Er möchte immer das „Richtige" tun. Hat er etwas gut gemacht, sonnt er sich im Lob. Misslingt ihm jedoch etwas, sind seine Schuldgefühle so stark ausgeprägt, dass er die Bestrafung ohne zu murren entgegen nimmt. Der blaue Mensch denkt in alten Mustern und eher „herkömmlich", aber auch bestimmt und dabei präzise. Was ein Vorgesetzter sagt, gilt. Status ist ihm wichtig.

Auch im blauen Level gibt es negative und positive Ausprägungen. Menschen mit einer negativen Ausprägung haben keine Toleranz, sind engstirnig, brauchen ewig lange für Entscheidungen, stehen unter eigens auferlegten Zwängen und neigen dazu, sich selbst strenge Vorschriften zu machen. Menschen mit diesen Ausprägungen ziehen gerne andere an, die „dazugehören wollen". Wer sich ihnen nicht anschließt, wird automatisch als Feind angesehen, der sich weigert, die Regeln der Gruppe zu befolgen. Andere Meinungen sind falsch und werden nicht toleriert. Man kann dieses Verhalten schon fast mit den Missionaren vergleichen, die ihren Glauben anderen überstülpen wollen.

Menschen mit einer positiven Ausprägung sind sehr stabil und haben ein großes Verantwortungsbewusstsein. Es ist ihnen wichtig, dass Gesetz und Vorschriften geachtet werden und insgesamt das Wohl aller gewährleistet ist. Was auch immer sie tun ist strukturiert, pflichtbewusst und bestens organisiert – man kann sich absolut auf ihr Wort verlassen. Vorgesetzte fühlen sich in ihrer Umgebung wohl, weil sie aufmerksame, ehrliche und zuvorkommende Mitarbeiter sind. Menschen mit einer positiven blauen Ausprägung leben mit ihren Werten, die ihrem Leben Sinn und Struktur zugleich geben.

Große Unternehmen mit konservativem Führungsstil sind vielfach im blauen Level zu finden. Vertreter dieser Ausrichtung gibt es auf allen Hierarchiestufen. Klassische blaue Berufssparten sind Beamte, Lehrer oder Buchhalter. Viele religiös geprägte Menschen sind blau, aber auch politisch Ausgerichtete sind darunter vertreten.

4. Level: Blau Group

Genau wie in der roten Gruppe auch, gibt es in der blauen Hierarchien – allerdings werden die hier anders gestaltet: Die Struktur geht eher in Richtung

große Gruppe, die in sich sehr stark und durch Arbeitsteilung wohl durchdacht untergliedert ist. Es ist klar, wer welche Zuständigkeitsbereiche und Aufgaben zu erfüllen hat. Die Abläufe sind fest vorgeschrieben – das betrifft die Produktion wie die Kommunikation. Es gibt keine Sonderrechte irgendeiner Art, was es allen Mitgliedern der Gruppe besonders leicht macht, sich an universelle Rechte und Pflichten zu halten. Mehrere Personen teilen sich Aufgaben und Zuständigkeiten, die jeder in Eigenverantwortung übernimmt. Das heißt genau, dass jeder für sich feste Grenzen und „Rangierspielraum" hat, in deren inneren Abgrenzungen er Entscheidungen treffen kann und dafür sorgt, dass alle Aufgaben zuverlässig erledigt werden. Allerdings müssen dafür immer die gegebenen Gesetze und Vorschriften eingehalten werden. Die Gruppenmitglieder sind absolut ehrlich zueinander. Es ist von größter Wichtigkeit, dass alles „mit rechten Dingen" vor sich geht. Die Mitglieder der Gruppe leben stark nach ihren Werten und Prinzipien, was das Zusammengehörigkeitsgefühl besonders hervorhebt.

Auch Statussymbole wie eine einheitliche Ausstattung der Führungsebene mit Büros in Edelholz massiv oder auch einer Vorzimmerdame, gehören zum Präsentieren von Zugehörigkeit. So wurde ich einmal Zeuge, wie bei einem Abteilungsleiter einer öffentlich-rechtlichen Bank durch die Ernennung in den erweiterten Geschäftsleitungskreis dessen komplett weiße Büroeinrichtung in eine braune Echtholz-Ausstattung ausgetauscht wurde.

Da es im blauen Level nicht darum geht, Vermögen anzuhäufen, laufen Belohnungen in die Richtung toller Firmenwagen, Auszeichnung oder einer Mitgliedschaft beim hiesigen Golfclub. Das Militär, bei dem Gehorsam ein wichtiger Wert ist und bei dem keine Ausbrüche geduldet werden, gehört ebenso eindeutig in den blauen Level.

4. Level: Blau Organisation

Blaue Unternehmen haben einen festen Platz in Märkten, die schon seit längerer Zeit bestehen und ihnen eine gewisse Sicherheit bieten. Der Fokus liegt nicht primär auf schnellem Wachstum, weil sich das Unternehmen bereits seinen festen Platz aufgebaut hat. Zwar gibt es hier keinen großen Konkurrenzdruck, aber insgesamt andere Marktbedingungen, mit denen sich die Firmen auseinandersetzen müssen: Sie müssen sich anders positionieren, um auch morgen noch mit den sich ständig ändernden Anforderungen mithalten zu können. Die hergestellten Produkte sind insgesamt komplex und erfordern hohe Präzision und Zuverlässigkeit – ideal also für blaues Denken. Regeln in blauen Organisationen werden so aufgestellt, dass sie alles in allem universell umsetzbar sind und die wichtige Sicherheit bieten. Das setzt voraus, dass es vermehrt Spezialisten für ein Ressort gibt, die die Anforderungen 100%ig erfüllen können. Wichtig für Unternehmen im 4. Level ist, dass alles „im eigenen Haus" produziert wird und leisten kann es sich das nur, weil es eine Marke vertreibt, die sich bereits einen Namen auf dem Markt geschaffen hat.

Innerhalb der Organisation pflegen alle die gleiche Vorgehensweise: was auch immer getan wird, orientiert sich an aufgestellten Regeln, die zum Beispiel in Arbeitsanweisungen, Nutzerhandbüchern und Qualitätsstandards festgelegt sind. Nicht immer fällt es den blauen Mitarbeitern jedoch leicht, aus der Fülle an Kennzahlen die genauen Zusammenhänge zu erkennen. Dokumentierte Abläufe gewähren allerdings jedermann Einsicht – nichts wird vor vorgehaltener Hand besprochen oder gar umgesetzt. Niemand würde in einer blauen

Organisation auf den Gedanken kommen, über seine gesteckten Grenzen hinweg zu handeln. Anders herum würde das auch niemand erwarten oder gar wünschen. Die Menschen fühlen sich in ihrem Unternehmen wohl, genießen die Sicherheit und die Bequemlichkeit, nicht „über sich herauswachsen" zu müssen. Sie haben keinen Anlass, sich bei anderen Arbeitsanbietern umzuschauen, was wieder Veränderung bedeuten würde. Sie freuen sich über ihre gewohnte Routine, in die wiederum deren Kinder mit hineinwachsen und wie selbstverständlich selbst mit ins Unternehmen einsteigen. Frei nach dem Motto der Bergarbeiter: Einmal Kumpel, immer Kumpel.

Die Strategie in blauen Unternehmen hat ganz klar das Ziel, die Firma an sich und deren Größe zu sichern. Es ist jedoch oft der Fall, dass es keine klar definierte Vorgehensweise für die Entwicklung von Maßnahmen zur Umsetzung für die Strategie gibt. Stattdessen werden Entscheidungen direkt im Führungsmanagement besprochen. Ein Einbeziehen der Mitarbeiter steht dabei nicht zur Debatte.

Firmeninterne Prozesse sind klar untereinander aufgeteilt, was bedeuten kann, dass mehrere Leute darin involviert sind. Hierbei hat jeder seinen Teilbereich, für den er verantwortlich ist und entsprechend zusehen muss, dass er seine Aufgaben darin in der dafür vorgeschriebenen Zeit mit der festgelegten Qualität liefert. Was andere Bereiche in diesem Prozess zu tun haben, ist dem Einzelnen darin egal. Ihn interessiert nur sein Aufgabenbereich und was sein Vorgesetzter von ihm erwartet. Die Hierarchie ist ihm demnach wichtiger als die Prozessabfolge.

Dass dem Unternehmen die Leute, die in ihm arbeiten, wichtig sind, zeigt es dadurch, dass Löhne und Gehälter fortdauernd angehoben werden. Als „Lohn" können die Firmen im Umkehrschluss damit rechnen, dass ihnen ihre Arbeitskräfte treu ergeben bleiben. Auch wenn nicht immer alles ganz „rund" läuft: Trotz umfangreicher Unterstützung durch die IT-Abteilung, die für jede Funktion ein IT-System parat hat, herrscht an manchen Stellen das Problem einer schlechten Integration dieser Systeme. Auch die Tatsache, dass einzelne Systeme sehr unterschiedlich sind, trägt nicht unbedingt zu einem reibungslosen Ablauf bei. Dieses sind die klassischen Probleme blauer Unternehmen, mit denen sie auch weiterhin zu kämpfen haben. Alt-Bundespräsident Köhler mahnte einmal die roten Banken, sich doch bitte wieder auf die „Tugenden der Bankiers zu besinnen – ich sage bewusst nicht Banker." Was er hier zum Ausdruck bringt, ist die blaue Sicherheit und Solidität, die durch rote Investmentbanker kaputt gemacht wurde – kombiniert mit oranger Profitsucht.

Ein aktuelles Beispiel für ein blaues Unternehmen ist Trigema, dessen Geschäftsführer Wolfgang Grupp besonders stolz darauf ist, seit der Gründung im Jahr 1919 nur am Standort Deutschland zu produzieren. Die Firma wirbt mit ihrem Namen für ökologische Herstellung, Nachhaltigkeit sowie sichere Arbeitsplätze und existiert auf diese Weise bereits seit über 90 Jahren. Mit seinen rund 1200 Mitarbeitern ist Trigema ein klassisches Vorzeigeunternehmen für blaue Organisationen: große Mitarbeiterzahl, garantierte sichere Arbeitsplätze, klare Arbeitsteilung und immer vorausschauend sowohl was die Produkte angeht, wie auch den Nachwuchs. Wenngleich der Person Wolfgang Grupp sicherlich einige purpurfarbene Attribute zuzusprechen sind. So tritt er zumindest in der Öffentlichkeit auf.

Auch große, klassische Verwaltungsorganisationen mit dem typischen Bild des akkurat gekleideten Beamten hinter seinem blitzenden Schreibtisch kommen einem in diesem Level in den Sinn. Weitere blaue Organisationen sind in vielen Bildungszentren zu finden oder auch in der Luftfahrt: Bevor ein Airline-Pilot mit seinem Co-Piloten das Flugzeug auf die Startbahn lenkt, hat er viele blaue Tugenden

gezeigt und Checklisten sowie die Tauglichkeit des Flugzeugs durch-
geprüft und alle Vorschriften beachtet. Das Flugzeug wurde in den
vorgeschriebenen Intervallen gewartet und inspiziert. Eine rote Air-
line sieht das nicht so eng…

5. Level: Orange

Wieder ein Level, auf dem der eigene Erfolg im Fokus steht. Allerdings
ist hier die Ausrichtung nicht ganz so radikal wie im roten Level, wo
andere oft unter der eigenen Zielstrebigkeit leiden müssen. Hier wird
auch geschaut, dass der Andere nicht zu Schaden kommt. Auf dem
Weg zum persönlichen Erfolg geht der Blick hier nämlich immer
auf das Ganze. Der orange Mensch ist eindeutig zielorientiert und
glänzt oft mit seinem schier grenzenlosen Arbeitseinsatz und seiner
Leistungssteigerung als „Folge".

Deutsche Tugenden wie Präzision, Qualität, Funktionsfähigkeit und
Langlebigkeit gelten traditionell unter dem blauen Stempel „Made
in Germany" als gesichert. Darauf baut auch der deutsche Maschi-
nenbau. Einige Unternehmen versuchen nun, durch orange Kosten-
einsparungsprogramme die Produktion in Niedriglohnländer zu ver-
frachten. Oft weicht dann das Siegel in ein „Designed in Germany".
Nicht alle Kunden machen da mit oder wollen das so. Daher haben
einige Unternehmen ihre Produktion auch schon wieder zurückge-
holt – wie der Bär mit dem Knopf im Ohr.

5. Level: Orange Personal

Karriere, Erfolg, Freiheit und Wohlstand – das ist es,
was die Menschen im orangen Level wollen, wonach
sie streben. Sie wollen die Besten ihres Fachs sein
und dadurch gut und materiell abgesichert leben. Karriere ist ihnen

aber nicht nur wegen des Geldes wichtig, sondern auch, weil sie dadurch in ihrer Leistung Anerkennung finden. Durch ihren Eifer bauen sie mehr und mehr Erfahrung auf – schließlich ist die Welt voller Möglichkeiten, die nur darauf warten, ergriffen zu werden – und erlangen in ihrem Vorgehen einen angenehmen Grad der Unabhängigkeit. Technik und Wissenschaft sind sie auf diesem Weg grundsätzlich nicht abgeneigt und nutzen diese gerne und auch zielgerichtet, um sich das Leben angenehmer und besser zu machen. Durch seinen extrem ausgeprägten Drang nach Wissen und Fähigkeiten, weiß der Orange sehr wohl, wie weit er sich auf sich selbst verlassen kann. Risikos schrecken ihn allerdings auch nicht ab, denn „wer nicht wagt, der nicht gewinnt!". Immer auf dem neusten Stand zu sein gehört einfach dazu, wenn man ganz vorne mitspielen will. Er ist sehr stolz darauf, eine Persönlichkeit mit ganz individuellen Stärken zu sein und sieht sich über der Organisation. Dieser klare Ich-Bezug ist klassisch für den orangen Level.

Der Mensch im 5. Level ist dementsprechend selbstbewusst, planungsstark und zielstrebig. Er sieht meist das Positive im Leben und umschifft auf diese Weise gekonnt persönliche Tiefen. Negative Gedanken lässt er nicht gerne an sich heran, weil er weiß, dass die ihn in seiner Weiterentwicklung bremsen oder gar hindern. Seine Eigenständigkeit ist für ihn sehr wichtig, schließlich weiß er bei sich am besten, was er kann und muss sich nicht auf andere verlassen, um etwas zu erreichen. „Gewinnen" steht auf seiner Erfolgsskala ganz oben. Und fit genug dazu ist er allemal: statt absolut geradeaus zu denken – wie das im blauen Level der Fall ist – weiß der Orange, dass es auch ein rechts und links gibt. Er erfasst das „große Ganze" innerhalb kurzer Zeit, sieht wie die Dinge miteinander zusammenhängen, was alles gleichzeitig passiert und wie man das alles gemeinsam bewältigt. Diese Fähigkeit zum „Allroundblick" gibt ihm eine ideale Position – sowohl als Individuum als auch innerhalb einer Gruppe oder Organisation. Er begibt sich gerne in einen Wettbewerb mit anderen, um sich und anderen zu zeigen, wie gut er ist. Hat er sich einen ansehnlichen Platz erkämpft, genießt er sein Ansehen in dieser Pole Position. Dabei ist ihm das Unternehmen, für das er arbeitet, sehr wichtig und er redet gerne darüber. Selbstverständlich arbeitet er ausschließlich für Firmen, die einen guten Namen im Markt haben. Andere würden ihm gar nicht die Möglichkeiten bieten, die er für sein persönliches Wachstum braucht und sucht. Er nutzt seinen Brötchengeber eher als Vorzeigeschild und wertvolle Referenz, sobald er sich entscheidet, einen anderen Arbeitsplatz zu suchen, weil ihm der alte nicht mehr das bieten kann, was möchte. Der orange Mensch ist also nicht für sein Lebtag an das eine Unternehmen gebunden und würde seine Kinder auch nicht dazu ermuntern, das zu tun. Diese gewisse Unbeständigkeit macht ihn zu einem rastlosen Begleiter.

Hat der Mensch im orangen Level eine negative Ausprägung, herrschen bei ihm starkes Konkurrenzdenken, Leistungsdruck und Gier vor. Diese Leute erlegen sich selbst ein gewisses Stressniveau auf, was sie zu typischen Burn-out Kandidaten macht. Er ist in seinem Denken extrem sprunghaft und handelt auch entsprechend kurzfristig. Nicht jeder Außenstehende kann direkt nachvollziehen, welcher Sinn sich hinter seinen Handlungen verbirgt. Sobald es irgendwo etwas zu erleben gibt, was sich gleichzeitig auch noch lohnt, ist er ganz darauf fokussiert. Genauso wie ihn interessante Tätigkeiten anlocken, gilt das gleiche auch für faszinierende Menschen, besonders solche höherer Hierarchieebenen. Passt das äußere Erschienungsbild in seine Vorstellung, fasziniert ihn dieses so sehr, dass sein Gegenüber ruhig einige andere „Macken" haben kann, über die er dann gerne hinwegsieht.

Auch zum Beispiel die Anforderung, Dinge wie Veränderungsprozesse zu schnell durchziehen zu wollen, sind typisch für negativ ausgeprägte orange Menschen. Allzu schnell werden bei einer solchen

Die Levels des Modells ⚫

Vorgehensweise die Mitarbeiter vergessen. Ebenso fällt der Drang darunter, Ziele kurzfristig erreichen zu wollen, was eine langfristige Zielerreichung massiv gefährdet. Einkäufer, die zu orange geprägt sind, zwingen nicht selten ihre Lieferanten so weit in die Knie, dass die Qualität letztendlich nicht mehr gegeben ist. Auch Smartphones sind eine Errungenschaft von Orange – die regelrechte Abhängigkeit davon aber auch.

Ist der orange Mensch positiv ausgeprägt, hat er eine Gabe, andere mit seinem positiven Denken anzustecken. Dritte sehen in ihm gerne ein Vorbild, weil er durch seine Motivation und außerordentlich gute Leistung einfach imponiert.

Orange Menschen tummeln sich beruflich immer gerne dort, wo etwas los ist: wo es Umstrukturierungen in Firmen gibt, Innovationsgeist gefragt ist und sich schnell Dinge ändern können, wie zum Beispiel an der Wall Street. Ebenso die Berufsgruppe der Investmentbanker – sofern sie sich an die Regeln halten – ist im orangen Level zu finden. Auch Kinder lieben Action und haben ihre eigenen Ziele (das nächste Wii-Spiel hängt schon in der Pipeline), da kommen Ferienjobs immer gern gelegen. Wenn es auch nur das wöchentliche Rasenmähen beim Nachbarn ist.

5. Level: Orange Group

Von den Mitgliedern einer orange geprägten Gruppe wird erwartet, dass jeder Einzelne eine große Verantwortung übernimmt. Gleichzeitig behalten alle den sie prägenden Rundumblick für alles, was sonst noch in der Gruppe, aber auch außerhalb, passiert. Führungsverantwortliche können sich dabei voll und ganz auf ihre Leute verlassen, denn sie wissen, dass die sich für den Erfolg der Gruppe mitverantwortlich fühlen und alles dafür tun, dass es ihr gut geht. Es werden große

Entscheidungsspielräume gewährt, auch um flexibler agieren zu können. Verglichen mit der blauen Gruppe dienen Regeln und Gesetze einem gemeinsamen Ziel, nämlich sich ändernden Situationen schnell anpassen und flexibler agieren zu können. Insgesamt halten sich die Vorschriften allerdings in Grenzen, denn man will sich nicht unnötig durch zu einengende Maßnahmen bremsen, um dann plötzlich nicht mehr in der gewünschten Geschwindigkeit handeln zu können. Weniger ist hier mehr – schließlich soll das Ergebnis herausragend sein. Aber nicht nur Vorschriften können Schnelligkeit hindern. Auch umständliche Strukturen rauben wertvolle Zeit. Diese sind in orangen Gruppen nicht zu finden. Wird ein Prozessablauf durch irgendetwas verlangsamt, wird nach schlankeren Abläufen gesucht, die wieder die gewünschte Geschwindigkeit und Flexibilität bringen.

Wenn auch jeder Einzelne in einer orangen Gruppe bestrebt ist, der „Beste" zu sein, darf auf dem Weg zu diesem Ziel niemals die Gruppe zu Schaden kommen. Im Gegenteil: sein Bestreben verschafft auch allen anderen in der Gemeinschaft Vorteile. Profitiert die ganze Gruppe von seinem Streben, kann er sich damit brüsten, dazuzugehören. Außerdem braucht sich ein Einzelner auch nicht davor zu fürchten, dass es noch andere gibt, die gute Arbeit leisten. Immerhin tragen auch diese dann dazu bei, dass die Gruppe erfolgreich ist und genau das stützt ja das orange Bewusstsein – nämlich zu einer erfolgreichen Gruppe zu gehören. Allerdings darf der eigene Erfolg dadurch nicht geschmälert werden.

Wettbewerbe spornen auf diesem Level noch mal zusätzlich an, treiben die Mitglieder zu Höchstleistungen und motivieren weiter. Prämien oder Incentives machen auch allen anderen deutlich, dass der „Geehrte" eine hohe Anerkennung genießt. Er selbst hat damit „etwas in der Hand", mit dem er Dritten gegenüber zeigen kann, wie erfolgreich er ist.

5. Level: Orange Organisation

Im Umfeld eines orangen Unternehmens ist der Markt gesättigt, ein Nachfragermarkt entsteht und somit sind Innovationen gefragt, deren Zyklen immer kürzer werden. Firmen stehen somit unter dem ständigen Druck, dass Kosten steigen und permanent Neuerungen gefragt sind. Um gerade letzteres für die Kunden zu garantieren, geht der Fokus ganz stark in Richtung Kernkompetenzen und ausgeklügeltem CRM (Customer Relationship Management) – auch nicht zuletzt, weil orange Unternehmen sehr stark daran interessiert sind, Kunden langfristig an sich zu binden. Damit die Kosten nicht in untragbare Höhen schießen, wird auf Lean Management und Steigerung der Effizienz gesetzt. Die Produkte selbst werden immer komplexer, was durch die gut durchorganisierte innerbetriebliche Abwicklung bestens gesteuert wird: Der Vertrieb ist fit und stark, die Verwaltung optimal aufgestellt und strategisch in ihrer Arbeitsweise. Auch Partnerschaften mit zum Beispiel Zulieferern, anderen Gruppen oder Organisationen laufen gut. Das macht deutlich, wie sehr sich diese Haltung zur Kooperation gegenüber dem 4. Level unterscheidet: Wer dort noch als „simpler Lieferant" angesehen wurde, wird hier im 5. Level auf die Stufe eines Partners gehoben.

Die Mitarbeiter in einem orangen Unternehmen setzen alles in ihren Kräften stehende dafür ein, dass es ihrem Arbeitgeber gut geht. Wer es geschafft hat, in eine Firma zu kommen, die sich einen guten Namen auf dem Markt gefestigt hat, ist ebenso erfolgreich. Orange Mitarbeiter empfinden eine hohe Identifikation mit ihrem Arbeitgeber und haben eine entsprechend ausgeprägte Kunden- und Marktorientierung. Das ist auch gut so, denn es wird auch von jedem Einzelnen erwartet, unternehmerisch zu denken und zu handeln. Egal auf welcher Hierarchieebene man sich umschaut, überall sind die Menschen extrem zielorientiert und streben nach mehr Verantwortung. In den

Arbeitsabläufen wird ausgeprägtes Pflichtbewusstsein ebenso delegiert wie Handlungskompetenzen. Der überall zu findende „Blick über das große Ganze" ist auch dafür verantwortlich, dass die Kommunikation sehr offen ist und auch über die Bereiche hinaus noch wunderbar funktioniert.

Da orange Unternehmen immer danach bestrebt sind, ihren Erfolg weiter auszubauen, wird strategisches Vorgehen groß geschrieben. Die Mitarbeiter werden in diese Arbeitsweise selbstverständlich mit einbezogen und erhalten zur Umsetzung der gemeinsamen Ziele wirkungsvolle Tools, die Ablaufprozesse erleichtern und beschleunigen. Die Hierarchie an sich wird im orangen Level sehr flach und schlank gehalten, was auch den Gesamtüberblick über die firmeninternen Abläufe erleichtert. Prozessbereiche sind untereinander aufgeteilt und werden effizient und optimal bearbeitet. Weitere Vorgehensweisen werden aber auch über den eigenen Verantwortungsbereich hinweg besprochen, was die gute Verzahnung der Bereiche noch einmal fördert. Die hochwertige Projektorganisation und das markt- und kundenorientiert Arbeiten eines jeden Einzelnen in seiner Funktion machen eine umfangreiche Administration unnötig. Diese fällt in orangen Unternehmen wesentlich schlanker aus.

Fast jedes Jahr werden neue Ziele für die Mitarbeiter gesetzt. Daran orientieren sich dann die weitere Personalentwicklung, Gehaltsentwicklung sowie mögliche Beförderungen. Zur Unterstützung der Prozesse dienen Kennzahlen, die mithilfe von IT ermittelt und ausgewertet werden. Mit Konzepten zur Messung, Dokumentation und Steuerung von allem, was einen reibungslosen Ablauf garantiert, erhält die Balanced Scorecard eine wichtige Bedeutung.

Ein weiteres wichtiges Kennzeichen von orangen Unternehmen ist die durchweg gelebte Win-Win-Strategie. In einer Geschäftsbeziehung wird der Partner als gleichwertig angesehen, so dass für beide Seiten ein absoluter Interessenausgleich im Vordergrund steht. Kurzfristiger Gewinn ist nicht gewollt – lange, wertvolle Partnerschaften stehen im Mittelpunkt.

Die Unternehmen im 5. Level haben sich überwiegend auf ihre Kernkompetenzen fixiert. Insgesamt sind sie, von der Zahl der Mitarbeiter ausgehend, kleiner als blaue Unternehmen. Spezialisierte Dienstleistungsunternehmen – die auch mit Sonderlösungen für anspruchsvolle Anforderungen punkten – finden sich hier genauso, wie solche, die besondere Produkte anbieten. Wenn in Japan ein Kernkraftwerk Probleme hat, dann glauben auch große Parteien nicht mehr an die orange Beherrschbarkeit der Technik und schwenken in die Energiewende ein. So, als ob sie schon immer gegen Atomkraft waren. Orange glaubt an Wissenschaft und Technik und die Machbarkeit an sich. Wenn nun in einem hoch technologisierten Land wie Japan ein solches Fukushima-Ereignis passiert, hat dies andere Auswirkungen als Tschernobyl. Denn dort konnte man sich herausreden, dass die es ja nicht im Griff hatten. In Frankreich sagen die Befürworter, dass solch ein Thema eben nicht orange privatisiert werden darf, sondern man es eben verstaatlicht blau betreiben muss.

6. Level: Grün

Willkommen bei Woodstock – um es einmal bildlich auszudrücken. Die „Flower power"-Denke im 6. Level zeigt deutlich, dass es hier um Gemeinschaft, Toleranz und Diskussion geht. Woodstock ist solch ein „grünes" Erlebnis, und die Hippie-Bewegung war damals eine Gegenreaktion auf Orange. Grün ist entstanden, um die Ziele gemeinsam besser zu erreichen und Probleme vereint besser lösen zu können. Auch grüne Gruppen heute sind aus dem Wunsch heraus entstanden, die orangen Probleme besser zu lösen. Menschen auf diesem Level sind kooperativ, gesprächsbereit und weniger absolut in der Argumentation und Diskussion, als Orange oder Blau, denn letztere wollen ihr Gegenüber von der „Wahrheit" überzeugen und die Diskussion gewinnen. Grün hingegen will mitwirkend zu einer gemeinsamen Lösung finden. Und diskutiert daher fast ins Unendliche. Die Unterscheidung zwischen Charity und Wohltätigkeitsorganisationen macht das deutlich: Blaue Wohltätigkeitsorganisationen organisieren korrekte Spendensammelaktionen, wie zum Beispiel solche von Haustür zu Haustür, mit einem Stand vor dem Supermarkt oder auch Spendenaufrufe. Grüne Charity-Veranstaltungen dagegen laden zu einem Event ein und bitten die orangen Geschäftsleute und Wohlhabenden zur Gala mit Promibesetzung. Auch die Boulevard-Presse wird dazu eingeladen. Dabei kommt – salopp formuliert – beim „Champagnersaufen für Uganda" schnell viel Geld zusammen. Dieses Vorgehen ist aus Sicht der blauen Wohltätigkeitsorganisationen schier untragbar, denn mit den Kosten für solch ein Event hätte man viel Gutes tun können. Was Blau jedoch nicht sieht, ist, dass nur auf diese Weise richtig viel Geld locker gemacht werden konnte. Ähnliches hat sich bei der Diskussion zu den Spendenberatern bei Unicef zugetragen.

6. Level: Grün Personal

Team-Building, Networking und Ziele erreichen – für Menschen im grünen Level hat ebenso der Erfolg oberste Priorität, allerdings baut dieser absolut auf die Begegnung mit anderen Menschen. Die richtigen Kontakte knüpfen bedeutet für diese Menschen nachhaltigen persönlichen Erfolg. Dem grün geprägten Menschen geht es nicht darum, sein eigenes Ansehen zu verbessern oder mit besonders herausragender Leistung hervorzustechen, sondern die richtigen Personen um sich zu scharen. Beziehung ist ihm wichtiger, als die Sache. Das ermöglicht Konsens und Teamgeist – kann aber auch in endlose Diskussionen ausarten. Er hat ein besonderes Gespür für das Zwischenmenschliche und legt großen Wert auf Kooperation. Durch die permanente Kommunikation mit seinem Umfeld erweitert er nicht nur seinen Wissensschatz sondern kann auflodernde Spannungen genauso frühzeitig erkennen, wie positive Entwicklungen. Kooperation hat für ihn einen hohen Stellenwert. Er ist klar Wir-bezogen.

Der grüne Mensch ist sehr sozial und weiß, wie man genießen kann. Er beobachtet, lernt, sammelt Erfahrungen und erweitert ständig seinen Horizont durch Reflexion und Austausch. Sein ausgeprägtes Bewusstsein sorgt dafür, dass er sehr gut „in sich hineinhören" kann: passt sein Bauchgefühl, ist er mit seinen Gedanken auf dem richtigen Weg. Er hat sozusagen die Fähigkeit, „zwischen den Zeilen" zu lesen. Diese Form der Sensibilität macht ihn zu einem absoluten Gruppenmenschen. Seine sozialen Kompetenzen kommen im Projektteam ebenso gut an wie in der Arbeit mit Kunden. Sein authentisches Auftreten – das schließt das Zulassen von Gefühlen ebenso mit ein wie Ehrlichkeit und Wertschätzung anderen gegenüber – macht ihn zu einem hoch geschätzten Gesprächspartner und Teamkollegen. Wenn es darum geht, Entscheidungen zu treffen, hört er sich immer vorab alle Seiten an und wägt dann erst ab. Gerade in brisanten Angelegenheiten ist er oft der ruhende Pol, der den Überblick über das Gesamte behält und als Mediator fungiert. Diese Fähigkeit tut ihm gut und er holt sich damit auch persönliche Bestätigung. Gleichzeitig macht ihn genau das emotional stark von der Gruppe abhängig. Die Gleichberechtigung beider Geschlechter ist ihm ebenso wichtig wie Chancengleichheit, Fairness, Empathie und Zusammenarbeit. Der ständige Austausch mit anderen Menschen ist für ihn besonders wichtig, was er als persönliche Bereicherung empfindet.

Der grün geprägte Mensch ist weltoffen und hat ein hohes Verantwortungsbewusstsein anderen gegenüber. Er würde nie etwas anstoßen, das für andere von Nachteil sein oder ihnen sogar schaden könnte. Das Positive an ihm ist die Fähigkeit, dass er wirkliche Teamarbeit leisten kann.

Es gibt natürlich auch in diesem Level eine negative Ausprägung des Bewusstseins, die den Betroffenen oft vor die Unfähigkeit stellt, Entscheidungen zu treffen. Sie diskutieren zu viel, ohne, dass wirklich etwas dabei herauskommt – geschweige denn passiert. Eine sehr stark ausgeprägte Gefühlsorientierung unterstützt das gleichermaßen. Der negativ ausgeprägte grüne Mensch läuft auch Gefahr, den Bezug zur Realität zu verlieren und agiert ungewollt plötzlich nur noch zum Selbstzweck, statt kooperativ.

Insgesamt sind Menschen mit grünem Bewusstsein oft in multifunktionalen Teams anzutreffen.

6. Level: Grün Group

Die grüne Gruppe zeichnet sich durch ihre heterogene Zusammenstellung aus, die es ermöglicht, dass jeder darin die Fähigkeiten und Qualifikationen der anderen optimal nutzen kann. Die Zusammenarbeit innerhalb der Gruppe ist geprägt von Toleranz, gegenseitiger Wertschätzung und Akzeptanz. Konflikte tauchen hier eher selten auf, denn Harmonie spielt eine wichtige Rolle. Sollte es einmal zu Meinungsverschiedenheiten kommen, wird jeder der Involvierten angehört, um letztendlich auf einen Nenner zu kommen. Wie zu Anfang bereits erwähnt, ist dieser Level eine Art Gegenreaktion auf Orange, die überwiegend leistungs- und profitorientiert sind. Grün hingegen besinnt sich auf die menschlichen Werte zurück. Zeichnet sich ein Erfolg ab, wird dieser nicht als eine kurzfristige Errungenschaft aus dem Hier und Jetzt angesehen, sondern als Ergebnis der richtigen Kooperation mit der richtigen Teamzusammenstellung. Das stärkt den Teamgeist und die Zusammengehörigkeit, die als absolut wohltuend empfunden wird. Die Unterschiedlichkeit der Gruppenmitglieder wird dahingehend sogar noch weiter unterstützt, um einen größtmöglichen Bereich an Fähigkeiten in einem Pool zur Verfügung zu haben.

In der grünen Gruppe gibt es so gut wie keine Hierarchie. In seltenen Fällen höchstens lediglich eine Zweistufige. Jeder Einzelne in der Gruppe stellt eine Persönlichkeit dar, die gleichwertig für das Funktionieren verantwortlich ist. Jedes Gruppenmitglied wird daher ernst genommen und akzeptiert, seine Arbeit hoch wertgeschätzt und als wichtiger Teil des Ganzen gesehen. Neuankömmlinge sind immer willkommen und werden schnell integriert, denn sie bereichern die Gruppe durch ihre spezielle Qualifikation. Die gemeinschaftlichen Kräfte sind hier ähnlich wie in den Levels Purpur und Blau, jedoch dürfen auch Externe von den Errungenschaften der grünen Gruppe profitieren. Funktioniert das Team nach außen hin optimal, ist es auch kein Problem, wenn sich der Einzelne darin einmal zurücknimmt – sofern das Gemeinwohl nicht darunter leidet oder sogar noch erfolgreicher werden kann. Das zeigt echtes Teamverständnis! Weiter gefördert wird der Zusammenhalt auch gerne durch gemeinsame Unternehmungen.

Wie überall sind ebenso hier negative Ausprägungen vertreten. Nämlich dann, wenn der grüne Mensch ein verstärktes Bedürfnis hat, akzeptiert zu werden und unbedingt dazugehören zu wollen. Dabei neigt er dazu, seine Kräfte zu überschätzen, weil er auf jeden Fall einen besonderen Nutzen für die Gruppe darstellen möchte und sich schnell übernimmt. Die Gefahr eines Burn-outs ist bei negativ geprägten grünen Menschen besonders hoch.

Grüne Gruppen sind oft in sozialen Bereichen anzutreffen, bei allem, was zum Beispiel mit Umwelt- und Klimaschutz zu tun hat sowie bei unabhängigen Kirchengruppen, die auch sozial engagiert sind.

6. Level: Grün Organisation

Mit Sicht auf den Markt, auf dem der 6. Level anzutreffen ist, handelt es sich absolut um einen Nachfragermarkt: Die Produkte, die dort gesucht und gebraucht werden, sind hoch qualitative und innovative Produkte, die „selten zu finden" sind. Die breite Qualifikationspalette von Grün eignet sich optimal für Nischenbereiche und ist bekannt für ausgefallene Produkte, die den Kunden einen Mehrwert bieten. Die Menge der Mitarbeiter in grünen Unternehmen gestaltet sich eher klein, allerdings kann es der Umsatz ohne Probleme auch mit einem Großkonzern aufnehmen. Hier wird deutlich, dass viele Arbeiten daher von Extern erledigt werden – schließlich holt man sich gerne ebenso von außerhalb Unterstützung, konzentriert sich jedoch gleichermaßen stark auf interne Spezialisten, die einen Umsatz im höheren Bereich überhaupt erst möglich machen. Und diese werden sehr geschätzt.

Die Mitarbeiter werden ständig motiviert und fühlen sich als wertvolles Mitglied ihrer Gemeinschaft. Ganz nach dem Credo: „Gemeinsam sind wir stark und erreichen unsere Ziele zum Wohle aller!" agiert ein permanenter Ansporn, der dem Einzelnen den Sinn seines Tuns und Wirkens offenlegt. Jeder weiß, dass seine Kernkompetenzen wichtig für diese Gemeinschaft und ihren Erfolg sind und setzt diese gerne ein. Dass hier ganz unterschiedliche Fähigkeiten zusammenkommen, ist absolut gewollt und für die Organisation von Vorteil für deren Positionierung auf dem Markt. Überall, wo viele unterschiedliche Persönlichkeiten aufeinandertreffen, passieren natürlich auch Fehler. Diese werden jedoch nicht als Hemmnis gesehen oder gar bestraft, sondern aktiv für die gemeinschaftliche Weiterentwicklung genutzt:

Es wird hinterfragt, warum diese Fehler entstanden sind, um deren Ursache besser zu verstehen und entsprechend gegen zu wirken.

Betrachtet man die Strategie, gleicht diese zum einen sehr der des orangen Levels – Erfolg, Kundenbindung, Nachhaltigkeit etc. – allerdings steht im grünen Level der Mensch als geschätztes Individuum mit all seinen Fähigkeiten und Kernkompetenzen im Zentrum der Dinge. Man strebt bei allem, was getan wird, das Wohlergehen des Mitarbeiters an. Sowohl die Gegenwart, als auch die Zukunft betreffend.

Aufgaben und Funktionen sind nicht in Hierarchien abgebildet, sondern in einer Matrix-Struktur, die eine hohe Koordination aller Funktionen und Linienstellen garantieren soll. Um das zu gewährleisten, gibt es mehrfache Berichtswege untereinander sowie Teams, die komplementär und multifunktional arbeiten. Diese Projektteams stellen sich je nach Bedarf und Anforderung immer wieder neu zusammen. Auch nicht selten gibt es innerhalb dieser echte Projektorganisationen, die zur Entscheidungsfindung, Rollen- und Aufgabenverteilung beitragen.

Die Prozesse an sich sind alle „ausgefeilt", auch weil jeder hier sein Bestes zu deren Gelingen beiträgt. Stimmt einmal etwas nicht im Ablauf, werden neue, passendere Kompetenzen hinzugezogen, um auch weiterhin ein reibungsloses Procedere zu garantieren. Ebenso ausgefeilt sind Governance Prozesse hinsichtlich der Mitarbeiterführung, um die gemeinsamen Unternehmensziele sicherzustellen. Die für den Erfolg nötigen Werkzeuge des orangen Levels werden beibehalten und um Teamprämien ergänzt. Auch die technischen Möglichkeiten der Unterstützung werden gerne vermehrt eingesetzt – insbesondere was Kommunikation und Zusammenarbeit angeht. Natürlich wird die erbrachte Leistung entsprechend vergütet, wobei das Gehaltssystem so gleichartig wie möglich ist und für alle transparent gehalten wird. Hinsichtlich Arbeitszeit wird nicht so streng auf die Uhr geschaut, allerdings darf anderen dadurch kein Nachteil irgendeiner Art entstehen.

Was die Menschen auf dem grünen Level besonders auszeichnet, ist, dass sie akzeptieren, dass alle Menschen unterschiedlich sind. Diese Fähigkeit macht sie zu besonders kooperativen Partnern, die sich auch einmal zurücknehmen können, wenn es die Situation erfordert. Überall, wo Innovation gefragt ist – wie beispielsweise in der Automobilbranche – sind grüne Gruppen anzutreffen. Darunter fallen auch Dienstleistungsunternehmen, die sich auf einen Nischenbereich spezialisiert haben und mit ihrem Spezialwissen punkten können.

Der erste und der zweite Rang

Die Levels, die Sie bis hierher kennengelernt haben, fallen unter den Begriff „Levels des ersten Rangs". Das bedeutet, dass Menschen auf diesen Levels alle auf Bedürfnisse reagieren, die in ihrer eigenen Lebenswelt entstehen. Sie sind sozusagen in ihrer Sichtweise auf die Dinge „gefangen" – sehen also nicht in mehreren Perspektiven. Diese Eigenschaft entsteht erst ab dem zweiten Rang. Ab hier wiederholen sich die Levels, die sich allerdings auf die Sinnhaftigkeit und Sinnbedürfnisse fokussieren. Das ist eine entscheidende Komponente, die auf diesem höheren Rang noch mit dazu kommt: Hier werden demnach der Sinn und die Relevanz der vorherigen Levels erkannt und die Komplexität nimmt erkennbar zu.

7. Level: Gelb

Bisher haben sich die Levels, die Sie kennengelernt haben, einander mit Unverständnis beobachtet und das „Treiben" der anderen Farben tendenziell als falsch eingestuft. Das wird sich jetzt ändern! Hier beginnt der Aufbruch in eine neue Dimension – und plötzlich werden die anderen Levels in ihrer Bedeutung gewürdigt. Gelb sieht alles in mehreren Perspektiven und „lächzt" nach Wissen. Spannende Themen werden schnell in den Fokus genommen, aber auch genauso schnell wieder losgelassen, wenn es routiniert und langweilig wird. Professor Graves hat mit seinen Studenten einen interessanten Versuch gemacht: Er hat alle nach deren Hauptlevel eingeteilt und gab ihnen dann als erste Aufgabe den Auftrag, einen Gruppensprecher zu finden. Die Blauen nahmen den Ältesten, die Orangen den mit den besten Leistungen, die Grünen diskutierten es aus und die Gelben fragten, was denn danach komme, denn sie wollten je nach Aufgabe ihren Gruppensprecher neu bestimmen und austauschen – auch während der Aufgabe.

Viele Startups, gerade zur Internet-Euphorie Ende der 90er-Jahre, wurden von gelben Gründern ins Leben gerufen, die sich mit innovativen Ideen selbstständig machten und es schafften, den orangen Beteiligungsfirmen das Geld zu entlocken. Was vielen gelben Startups allerdings zur Expansion fehlte, waren blaue Strukturen und Organisationen, die orange Vertriebspower sowie grüne Gesprächsbereitschaft. Auch verließen viele Gründer die Firmen recht schnell wieder, wenn es unspannend wurde. Eine typische gelbe (Un-)Tugend.

7. Level: Gelb Personal

Obwohl hier die Multiperspektivität groß geschrieben wird, hat der Mensch im 7. Level klare Muster für sein Denken und Verhalten. Er sieht nicht nur die Vorzüge der vorherigen Levels, sondern weiß auch, wie er diese

nutzen und kombinieren kann. Sein systemisches und strategisches Denken wird abstrakter und hat viele Ideen und Konzepte parat, die klare Wege zum Ziel finden. Er nutzt seine umfassende Kompetenz und sein Networking, um in allen für ihn wichtigen Bereichen zu den anvisierten Zielen zu gelangen. Wachstum und Weiterentwicklung müssen lebendig sein und am besten permanent stattfinden. Veränderung ist dabei immer willkommen, denn sie bietet die für ihn so wichtige Abwechslung. Er beschränkt sich auf das, was am naheliegendsten und notwendigsten ist, um pragmatisch und verantwortlich handeln zu können. Dabei nutzt er gerne die Hilfe von Systemen, denn sie unterstützen ihn bei seinen Vorhaben. Unabhängig sein, viel Wissen erlangen, kreativ sein und in eigener Verantwortung handeln, ist ihm außerordentlich wichtig. Im Gegensatz zu Grün hat der gelbe Mensch kein Problem im Umgang mit mehrdeutigen Aussagen oder Situationen. Er muss hier nicht wie der Mensch in vorherigen Level darüber solange diskutieren, bis alle auf einem Nenner sind – im Gegenteil: Er akzeptiert unterschiedliche Meinungen nebeneinander, was den „Grünen" komplett irritieren würde. Das gleiche gilt für paradoxes Denken und Prinzipien, die einander widersprechen, womit der Mensch im 7. Level keine Probleme hat. Er sieht solches vielmehr als Anreiz, Neues zu entdecken und zu verstehen und eine Möglichkeit, die er einfach greifen muss, um sein Wissen zu erweitern. Dieses Wissen macht ihn zu einem Menschen mit hohem Selbstwertgefühl, dem es keine Probleme bereitet, zuzugeben, etwas einmal nicht zu wissen – schließlich kann er das wieder an anderer Stelle berücksichtigen und für sich verwenden. Sein bereits erlangtes Wissen sowie die Fähigkeit, Gefühle auf- und anzunehmen sind es auch, auf dem sein starkes Selbstbewusstsein aufbaut.

Der „gelbe" Mensch lernt ohne Pause, nach seinen eigenen Vorstellungen und nutzt dazu alle ihm sich bietenden Ressourcen. Er liebt Experimente und hat auch kein Problem damit, einmal „auf die Nase zu fallen", denn diese neue Erfahrung erweitert seinen Horizont nur zusätzlich. Sein Wissensdurst macht ihn zu einem besonders empfindsamen Menschen, der eine große Begabung hat, Emotionen zu erkennen und zu deuten. Dieses „erweiterte Ich" macht ihn zu einem wahren Lern-Meister, der auch gerne mal alleine ist, um seine Selbsterfahrung zu intensivieren. Sein Streben nach persönlicher Weiterentwicklung ist stärker ausgeprägt, als der Wunsch, wohlhabend und mächtig zu sein.

Begegnet ein gelb geprägter Mensch einem Menschen eines anderen Levels, hat er keinerlei Probleme, sich auf dessen „Augenhöhe" zu begeben und – zumindest für den Moment der Begegnung – „anzupassen", um Kommunikation zu betreiben. Für den gelben Menschen ist jeder Level wichtig und nicht aus dem Gesamtsystem wegzudenken. Er lebt und handelt frei nach seinem persönlichen Motto: „Die Welt in Schwarz oder Weiß wäre öde – interessant wird sie erst durch ihre vielen Farben." Er ist sich bewusst, dass jeder auf der bunten Treppe nach oben oder unten wandern kann – je nach seinem persönlichen Wertesystem.

Er will immer wissen, was andere denken. Allerdings nur, weil die Gedanken der anderen ihn dabei unterstützen könnten, eine eigene Entscheidung zu treffen. Er ist jedoch nicht unbedingt davon abhängig – lediglich neugierig. Der gelbe Mensch in einer Beziehung bringt seinem Partner hohe Wertschätzung entgegen und hegt keinerlei Besitzansprüche. Verglichen mit Menschen in den Levels Rot und Orange steht für ihn das Individuum in angemessener Weise im Mittelpunkt. Er bleibt immer er selbst, sogar dann, wenn er sich mit Menschen anderer Levels auf „Augenhöhe" unterhält. Diese Authentizität macht ihn zu einem geschätzten Gesprächspartner, der immer offen auf andere zugeht. Dass für ihn dabei die persönliche Entwicklung an vorderster Stelle steht, macht ihn zu einem Ich-bezogenen Menschen.

Nicht selten erweckt der gelb geprägte Mensch durch diese Ich-Bezogenheit den Anschein, arrogant, kalt und unnahbar zu sein. Negative Ausprägungen sind entsprechend herablassend wirkende Ungeduld, „sich abkapseln", nicht empfänglich für die Gefühle anderer Menschen zu sein, was so weit ausarten kann, dass der „Gelbe" als rücksichtslos und egoistisch wahrgenommen wird. Auch neigt dieser gerne dazu, sich selbst zu überschätzen.

Positiv geprägte gelbe Menschen sind offen und tolerant gegenüber Dritten und deren Bedürfnissen. Sie sind extrem flexibel und „pochen" nicht auf die Beständigkeit der Dinge: was heute passt und gut funktioniert, kann morgen schon wieder out sein. Allerdings sehen sie auch, dass es eine gewisse Beständigkeit für manches gibt, was also auch über das Morgen hinaus gilt – ob das Verhaltensweisen, Gedanken oder Gefühle sind. Umgekehrt kann heute für falsch Gehaltenes auch später immer noch falsch sein.

7. Level: Gelb Group

Die gelbe Gruppe orientiert sich an intensivem Networking, was eine hohe Flexibilität voraussetzt. Was zum Beispiel Gruppen, Systeme oder auch Einzelpersonen der anderen Levels zu bieten haben – mit all ihren Kernkompetenzen – ist für Gelb nicht nur höchst interessant, sondern auch von großem Eigennutzen für die Weiterentwicklung. Dafür nutzt sie ihre Kommunikationsfreudigkeit genauso wie ihre Kreativität, was sie ebenfalls interessant für andere macht, die dafür offen sind. Gibt es Meinungsverschiedenheiten werden diese innerhalb der Gruppe offen kommuniziert und bewältigt, was nur dadurch so gut funktioniert, weil jeder Informationen ohne Verschleierungen oder Vertuschungen weitergibt. Feste Strukturen innerhalb der Gruppe, wie sie von den bisherigen anderen Levels gepflegt wurden, haben immer weniger Bedeutung. Stattdessen werden hierarchische und nicht hierarchische Strukturen von ganz unterschiedlichen Lern- und Arbeitsformen einbezogen. Die gelbe Gruppe beginnt nämlich jetzt, Arbeitsmodelle anderer Levels für eine Zeit lang in ihre Arbeit mit aufzunehmen. Für Gruppen aus den vorhergehenden Stufen wäre so etwas schier undenkbar! Der Grund für diese neue Fähigkeit liegt in der gelben Flexibilität: Es werden Strukturen, Abläufe und Regeln anderer Levels so miteinander kombiniert, dass das eigene Ziel ideal erreicht werden kann. Weil die gelbe Gruppe in losen Netzwerken unterwegs ist, kann sie nur noch über klare Zielvorgaben und vorab definierte Regeln gesteuert werden. Ihre Ziele setzt sich die gelbe Gruppe entweder selbst – je nachdem, wie sie zusammengesetzt ist – oder bekommt sie gesetzt. Was dafür benötigt wird, wird organisiert. Ist das Ziel definiert, würfelt sich die Gruppe aus Individuen und teilweise auch anderen Gruppen so zusammen, wie sie das Ziel am idealsten erreichen kann.

Was für die gelbe Gruppe mit an oberster Stelle steht, sind permanentes Lernen, Wissensvermehrung und Weiterentwicklung. Ihr ist es besonders wichtig, unabhängig zu sein und gegenüber anderen Gruppenmitgliedern absolut offen. Klar gibt es auch Hierarchien – diese sind jedoch nicht von Dauer und können mit der nächsten Aufgabenstellung schon wieder komplett umgebaut werden, was das Experiment von Professor Graves mit seinen Studenten sehr schön verdeutlicht. Die Mitglieder der Gruppe wissen, dass sie sich mit ihrem Know-how gegenseitig brauchen, um ein Ziel zu erreichen. Sie sind allerdings absolut nicht voneinander abhängig. Es genügt zu wissen, was der andere kann oder wo dessen Schwächen liegen, um sich für eine Aufgabe optimal zusammenzustellen. Alles, wovor die Mitglieder der vorherigen Levels Angst haben oder was diese leisten müssen, wird hier immer unwichtiger. Auf diese Weise erbringt Gelb bessere Ergebnisse und Ideen und liefert höhere Qualität sowie Quantität.

Beispiele für gelbe Gruppen sind nicht sehr oft anzutreffen, denn sie stellen sich immer wieder neu zusammen. Wenn der blaue Staat gelbe Hacker engagiert, um das rote, organisierte Verbrechen einzudämmen, oder sich Gruppen von Köpfen zusammentun, um die „freie Enyklopädie" Wikipedia zu füttern, hat man gelbe Menschen, die sich für diesen einen Zweck (virtuell) treffen. Ein Hoch dem Internet für seine Möglichkeiten!

7. Level: Gelb Organisation

Ebenso wie der Markt bei Grün gestaltet sich der Markt, auf dem ein gelbes Unternehmen tätig ist, als Nachfragermarkt. Allerdings mit einem noch höheren Anspruch: Das qualitativ Beste und Innovativste wird hier gesucht, wofür Gelb absolut prädestiniert ist. Durch sein Verlangen, sich immer wieder neu zusammenzustellen, kann Gelb stets auf die Besten zugreifen, die für die jeweilige Anforderung benötigt werden. Durch sein weit reichendes Netzwerk können andere Unternehmen und deren Kompetenzen „angezapft" werden, sobald deren Kernkompetenzen gefragt sind. Das wird von den Netzwerkpartnern keineswegs als Nachteil gesehen, sondern mit unterstützt, weil diese ebenso untereinander verfahren. Die genauso in Nischenmärkten agierende grüne Organisation käme mit dieser Sichtweise überhaupt nicht zurecht, was Gelb zu einem absoluten Profi in Sachen Innovation auftreten lässt.

Wichtig in der gelben Organisation ist die Fähigkeit, sich zu integrieren. Jeder Einzelne ist offen gegenüber dem anderen und liefert die Basis für eine partnerschaftliche Zusammenarbeit. Jeder weiß, dass er mit seinem Wissen punkten kann und ist deshalb immer bemüht, sein Know-how optimal einzubringen. Es gibt fast keine bessere Motivation! Das eigenständige Agieren ist genauso wichtig wie die Selbstverantwortung demgegenüber. Der permanente Wissensaustausch dient der Erweiterung des persönlichen Horizonts, der es jedem Einzelnen ermöglicht, besonders kreativ zu sein, wenn es darum geht, Dinge zu optimieren – ob in der Kommunikation oder bei Arbeitsprozessen.

Das Produkt oder die Dienstleistung steht im gelben Level über dem Unternehmen selbst. Ebenso wie im grünen Level wird auch hier Nachhaltigkeit groß geschrieben.

Die gelbe Organisation macht das Unmögliche möglich: Hier werden beispielsweise orange Vertriebler und eine blaue Qualitätssicherung mit roten wagemütigen Designern „zusammengepackt", um eine besondere Kundenanforderung umzusetzen. Durch die ausgeprägte Fähigkeit des Netzwerkens können Projekte so ideal ablaufen, wie es nirgendwo sonst in den vorherigen Levels denkbar wäre.

Prozesse sind sehr ausgefeilt und werden ständig weiterentwickelt und optimiert. Auf diese Weise lassen sie sich schnell an veränderte Ausgangssituationen anpassen.

IT ist aus diesem Level nicht mehr wegzudenken – läuft doch so vieles auf virtueller Ebene ab. Systeme, die die Zusammenarbeit, die Kommunikation und die Wissenserweiterung unterstützen, werden vorrangig eingesetzt. Diese Art der Arbeit schafft dem Einzelnen viel Freiraum und bietet Arbeitszeiten, die absolut flexibel sind. Jeder kann auch selbst entscheiden, von wo aus oder wie und zu welchen Zeiten er arbeitet. Wichtig ist lediglich, dass er verantwortungsbewusst seinen Teil dazu beiträgt.

8. Level: Türkis

In diesem Level bleiben wir im zweiten Rang, also bei der Fähigkeit, Sinn und Relevanz der vorherigen Levels zu erkennen und diese in einer anderen Komplexität zu sehen. Verglichen mit dem ersten Rang kann dieser Level als das „türkise Purpurne" gesehen werden. Alles Handeln und Arbeiten dreht sich hier um Nachhaltigkeit, Ganzheitlichkeit (Holismus) und das Wohlergehen der Welt. Auf diesem Level entsteht viel Idealismus, weil hier das Wissen von Gelb und der Glaube an Schwarm-Intelligenz mit globalen Zusammenhängen und dem Wunsch, die „Welt zu retten", zusammen kommen. Türkis denkt, dass es absolut möglich ist, einen für alle Lebewesen machbaren Lebensstil zu erschaffen und konzentriert sich vollends darauf, dass es der gesamten Welt gut geht. Durch seine Selbstlosigkeit beobachtet er nicht nur, sondern kann auch gestalten. Verglichen mit dem ersten Rang ist Türkis der Purpurne des zweiten Rangs.

8. Level: Türkis personal

In diesem Level geht es um das Ganze und den Erhalt des Geschafften. Der Mensch hier hat hohe Ideale, ein ausgeprägtes geistliches Bewusstsein und eine umfassende Sicht auf die Dinge der Welt. Durch diese Eigenschaften schafft er es immer wieder, andere mit außergewöhnlichen Ideen zu beeindrucken und Dinge absolut anders zu deuten. Bei allem, was er tut, vertraut er vollends auf seinen Instinkt und sein Bauchgefühl und legt großen Wert darauf, dass sein Handeln nachhaltig ist. Türkis versucht, die nicht gelösten Probleme von Gelb zu lösen und hat dadurch ein größeres Verantwortungsgefühl für die Gemeinschaft und alles drum herum. Er ist also Wir-bezogen. Er weiß, dass alles Konsequenzen hat, was er tut und achtet dabei peinlich genau darauf, wofür er sich entscheidet. Bei Gesprächen ist Türkis sehr präsent und setzt sich – genau wie Gelb – auf die Stufe seines Gesprächspartners. Es macht ihm absolut keine Mühe, sich in diesen hineinzuversetzen.

Was er sagt, leuchtet jedem sofort ein, was es für sein Gegenüber zusätzlich angenehm macht.

Auch Türkis nutzt das Wissen aller vorhergehenden Levels für das Gemeinwohl auf diesem Level. Der Mensch hier hat eine absolut scharfe Sinneswahrnehmung und geht mit größtmöglicher Auffassungsgabe durch den Tag. Dadurch kann er sich geistig und spirituell so weit öffnen, dass er Möglichkeiten und Wege genauso erkennt, wie Fehler und Missdeutungen – was die Menschen der anderen Levels nie geschafft haben, weil sie aufgrund von Einschränkungen, Regeln, Zwängen und Glaubenslehren keinen Zugang dazu hatten. Trotz dieser außergewöhnlichen Fähigkeiten ist er jedoch deswegen nicht besser oder glücklicher.

Auch hier gibt es negative Ausprägungen, die sich durch naives oder radikales Handeln zum Ausdruck bringen oder von schier grenzenlosem Idealismus zeugen.

8. Level: Türkis Group

Netzwerken findet auf diesem Level seine Vollendung, wie wir es bis dato noch nicht vollends kennen. Die türkise Gruppe schafft es, viele verschiedene Ebenen zusammenzuhalten, Dinge zu erkennen, die harmonisch zusammenspielen, Gruppen und Einzelpersonen zu integrieren und Geisteshaltung wie auch Wissenschaft zu vereinen. Etwas Neues wird auf diese Weise geboren, was den Fokus auf die Welt als Ganzes richtet und alles danach bewertet, dass diesem Holon kein Leid widerfährt. Die Gruppe sieht sich als wirklich ganzheitliches Team, ohne Konkurrenz, ohne menschlich gesetzte Regeln und dem damit verbundenen Wunsch nach einem langfristigen Gesamtnutzen für alle.

8. Level: Türkis Organisation

Unternehmen auf diesem Level gibt es quasi noch nicht wirklich. Türkis angehauchte Unternehmen fühlen sich einem hohen ethischen Wert verpflichtet und richten ihr Handeln danach aus. Interessanterweise sind viele spirituelle und integrale Verfechter eher blaue Diskutanten mit türkisem Anstrich. Die orange Businesswelt schaut sehr skeptisch und verwundert auf diese Gruppen und Erscheinungen. Begriffe wie „Corporate Social Responsibility" sind grundsätzlich aus dem türkisenen Bereich heraus entstanden, werden aber oft orange instrumentalisiert. Auf diese Weise erhoffen sich natürlich viele Firmen, das soziale und kulturelle Engagement auch marketingtechnisch nutzbar zu machen. Daher sind bei „go green"-Kampagnen von Firmen auch immer der Beweggrund und der ursprüngliche Gedanke zu hinterfragen.

Türkise Organisationen sind mir noch nicht begegnet – sogar solche wie amnesty international, der WWF oder Greenpeace sind als Organisationen nicht auf diesem Level. Die Zeit wird aber kommen für türkise Organisationen.

9. Level: Koralle

Koralle ist der Rote im zweiten Rang. Der Mensch hier weiß, dass alle Grenzen durch menschliches Tun und Sein erzeugt werden. In seiner Ich-Bezogenheit ist der Mensch hier aber keineswegs allein um Macht und Ansehen bemüht und geht dabei „über Leichen", sondern hegt hohen Respekt allen Lebewesen gegenüber. Menschen in seiner Umgebung fühlen sich motiviert und unterstützt, über sich hinauszuwachsen und Neues zu erkunden.

DIE ÜBERGÄNGE ZWISCHEN DEN LEVELS

Was genau veranlasst die Menschen jetzt, die Levels zu verlassen und wie gestalten sich deren Wertesysteme? Eine wichtige Frage, die Sie sich zu Recht stellen dürfen.

Wann ergeben sich diese Auslöser und Übergänge zum nächst höheren Level?

» Wenn im 1. Level (Beige) dem Menschen der Eindruck entsteht, dass seine Existenz von einer geheimnisvollen und teilweise erschreckenden Welt abhängt, sucht er Schutz und Erklärung zusammen mit anderen. Gemeinsam versuchen sie die Welt zu deuten und zu verstehen. Die Probleme des ersten Levels hat er gelöst. Seine Existenz kann er im Hier und Jetzt sichern.

» Wenn im 2. Level (Purpur) das Gefühl entsteht, dass man selbst mehr erreichen kann, indem man den Schutz der Gemeinschaft verlässt und sein „eigenes Ding" durchzieht. Man entzieht sich den Fesseln des Stamms oder der Familie (des ausbildenden Unternehmens) und will unabhängig werden.

» Wenn im 3. Level (Rot) eine Art Gewissen entsteht, Schuldbewusstsein und die Suche nach einem bedeutungsvollen Miteinander und einer Ordnung und man Regeln startet.

» Wenn im 4. Level (Blau) das Selbst erwacht und nach Freiheit sucht. Man möchte sich selbst ausprobieren. Ziele selbst stecken und selbst erreichen. Autoritäten werden in Frage gestellt und die Freiheit ausgetestet.

» Wenn im 5. Level (Orange) der Wunsch nach mehr Miteinander und einem sozialen System entsteht, das nach Akzeptanz und Zugehörigkeit strebt, um innere Harmonie zu finden – aber auch um die gemeinsamen Ziele zu erreichen.

» Wenn im 6. Level (Grün) das forschende Selbst erwacht und nach wechselseitiger Abhängigkeit strebt, das frei von dem Bedürfnis nach Beifall und Anerkennung ist, aber bei Bedarf gerne und gut mit anderen zusammenarbeiten will.

» Wenn im 7. Level (Gelb) der Wunsch wächst, dieses Wissen in neuen Wegen zu kombinieren, um die natürliche Balance und Harmonie der Erde wieder herzustellen.

VERÄNDERUNGSMANAGEMENT IM MODELL

Die Phasen der Veränderung

Zwischen dem Gefühl, sich auf dem absolut richtigen Level zu befinden bis hin zum wirklichen Wechsel, durchläuft der Mensch unterschiedliche Phasen, die ich hier kurz beschreiben werde:

Stabilität

Das System (Unternehmen, Abteilung) fühlt sich wohl und kommt mit den Herausforderungen der Umwelt zurecht. Es gibt noch keine Notwendigkeit der Veränderung.

Unruhe

Erste Störfaktoren tauchen auf. Die Menschen beginnen, sich mit der verändernden Umwelt zu beschäftigen. Ursachen für die Destabilisierung können veränderte Marktverhältnisse sein, veränderte Kundenstrukturen, veränderter Wettbewerbsdruck, sowie durch neue Wettbewerber, neue Produkte, neue Methoden, neue Technologien. Möglich ist auch, dass sich Destabilisierung aus Veränderungen des eigenen Unternehmens ergibt: Das Unternehmen ist stark gewachsen – organisch oder durch Akquisitionen. Das Unternehmen ist in neue Märkte eingedrungen oder hat eine neue Unternehmensleitung. Die Ursachen sind vielfältig, haben jedoch alle die gleiche Auswirkung: Unruhe.

Krise

Der Impuls für Veränderungen kommt in der heutigen Zeit allerdings selten durch Einsicht, dass durchgreifende Veränderungen erforderlich sind. Die tatsächliche Veränderung geschieht dann mit Hilfe von großem Veränderungsdruck, durch Krisen zum Teil großen Ausmaßes.

Aufbruch

Was nun folgt, ist eine Phase der Euphorie. Die Menschen beginnen, die Veränderung euphorisch zu gestalten. Die Veränderung wird aktiv umgesetzt. In der Phase des Aufbruchs muss das Management darauf achten, dass zum einen die geplanten Aktionen nicht in Aktionismus ausarten. Das Ziel darf nicht aus den Augen verloren gehen. Zum anderen darf den Mitarbeitern nicht mitten im Veränderungsprozess die Puste ausgehen. Häufig werden dann einfach wieder alte Verhaltensmuster angenommen und die Veränderung scheitert. Erst, wenn die Veränderung vollständig abgeschlossen ist, kann wieder Ruhe und Sicherheit im Unternehmen einkehren. Ein neuer Zustand der Stabilität ist entstanden.

Stadien der Veränderung

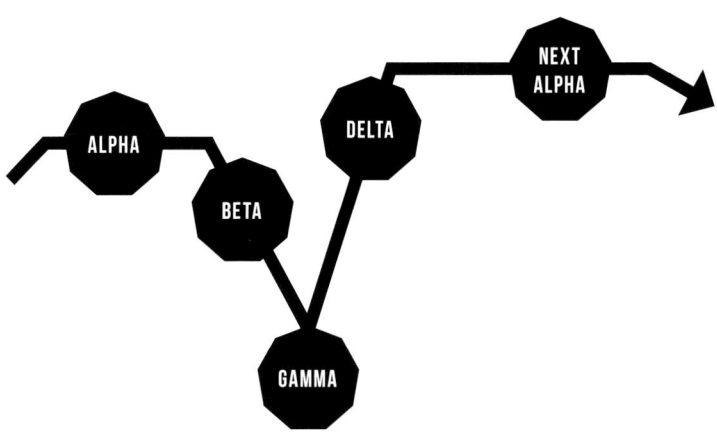

ALPHA	Phase der Stabilität und Kongruenz. Lösungen und Probleme passen zueinander.
BETA	Zeit der Unsicherheit und des Zweifels, weil einige Probleme nicht gelöst werden können, aber es ist unklar, warum nicht.
GAMMA	Zustand der Angst/Besorgnis und Frustration, weil Probleme/Herausforderungen unlösbar erscheinen.
DELTA	Ein Durchbruch des neuen Denkens scheint erreichbar zu sein, um die bisher unüberwindbaren Probleme zu bewältigen.
NEXT ALPHA	Die Komplexität des Problems und der Umgang damit sind verinnerlicht, so dass eine neue Stabilität eintritt.
NEXT BETA	Neue Zweifel und Sorgen tauchen auf, neue komplexere Probleme werden entdeckt.

Voraussetzungen
für Veränderungen

Bevor man einen Veränderungsprozess beginnen kann – bevor man sich also entweder innerhalb eines Levels weiterentwickeln oder gar einen Level verlassen kann, um in den nächsten zu wandern – müssen zwei wichtige Dinge geklärt werden: Kann der Mensch diesen persönlichen Wandel vollziehen (hat er die Fähigkeiten und Fertigkeiten und natürlich das nötige Know-how zur Veränderung) und will er diesen Schritt überhaupt tun (ist er dazu wirklich bereit, „reif" und motiviert)?

KÖNNEN	WOLLEN
1. **Potential** für Veränderungen (Fähigkeiten und Fertigkeiten, das inhaltliche „Vorbereitetsein").	5. **Offenheit** für die Notwendigkeit von Veränderungen und einen Veränderungsprozess.
2. **Souveräne Lösungen** für den aktuellen Level der 9 Levels.	6. **Dissonanz,** Unbehaglichkeit in der jetzigen Stufe der 9 Levels bzw. in der gegebenen Situation.
3. Geeigneter **Umgang mit Hindernissen**, die auftreten.	7. **Einsicht** in die Vorteile der Veränderung, den durch die Veränderung erreichbaren Nutzen.
4. **Integration des Gelernten,** Konsolidierung des Veränderten und Unterstützung im Veränderungsprozess.	

[Quelle: Vgl. Bär/Krumm/Wiehle: Unternehmen verstehen, gestalten, verändern – das Graves-Value-System in der Praxis, Wiesbaden, 2007]

9 LEVELS OF VALUE SYSTEMS

Richtung der Veränderung im Modell

Veränderungen finden nicht zwangsläufig generell nur von einem Level zum anderen statt – auch innerhalb eines Levels kann Veränderung vollzogen werden und das ist sogar recht weit verbreitet. Wohin sich der Mensch letztendlich bewegt, liegt an den Umweltbedingungen, die die Notwendigkeit einer Veränderung einläuten.

Auf einem Level

Sich innerhalb eines Levels zu verändern, ist weit verbreitet. Bestehende Prozesse und Mechanismen werden hier stabilisiert oder wieder hergestellt. Ebenso können leichte Korrekturen innerhalb eines Levels durchgenommen werden.

Nach oben

Eine Veränderung nach oben bedeutet immer eine komplette Umorientierung. Das heißt, es wird vom „WIR-Bezug" auf den „ICH-Bezug" gewechselt – oder umgekehrt. Es funktioniert nicht, ganze Levels zu überspringen. Das System hat keinen Aufzug!

Nach unten

Eine Veränderung nach unten ist meist mit einer Regression verbunden. Ein System hat beispielsweise massive Probleme und schafft den Aufbruch oder Aufschwung zum nächst höheren Level nicht. In diesem Veränderungsprozess besinnt sich ein Unternehmen daher alter „Rezepte & Tugenden" und geht auf ein darunter liegendes Level zurück.

DIE 9 LEVELS IN DER PRAXIS

Die Welt, die Gesellschaft und die Wirtschaft sind in stetigem Wandel. Unternehmen müssen sich entwickeln und neuen Situationen anpassen können, wenn sie weiter auf dem Markt mithalten wollen. CEO-Studien belegen, dass das weitestgehend bekannt ist:

- » 79% der Vorstände sagen, dass die Komplexität deutlich zunimmt.
- » 92% sagen, dass Change Management ist wichtig.
- » 78% erklären, dass Wandlungsfähigkeit ist wichtig.
- » 94% halten Unternehmenskultur für der Erfolg als wichtig.

Auch die Wertekommission schreibt in ihrer Führungskräftebefragung, dass in Zeiten wirtschaftlicher Unsicherheit und großer makroökonomischer Verwerfungen eine Qualität der Wertesysteme stärker in den Vordergrund tritt. Unternehmen, die ihr Geschäft auf klar definierten Wertesystemen nachhaltig und langfristig verstehen, kommen mit solchen starken Veränderungen im Markt deutlich besser zurecht. Wenn Innovationszyklen kürzer, Marktstrategien riskanter, Unternehmensfinanzierungen voraussetzungsvoller werden, und wenn es darum auf das Haben »weicher« Produktivitätsvorteile wie Motivation und Leistungsbereitschaft ankommt – dann ist es mehr und mehr das Wertesystem von Unternehmen, Management und Belegschaft, das den Unterschied im Wettbewerb macht.

Auch die Befragung der Wertekommission nach dem Beitrag von Werten zum Unternehmenserfolg ergibt ein klares Bild: Über 90 % der Führungskräfte schätzen diesen Beitrag als »sehr hoch« oder »hoch« ein.

Märkte verändern sich, Kundenbedürfnisse und Anforderungen sind nicht mehr die gleichen, neue Generationen suchen andere Arbeitsbedingungen und Jobmodelle. Technische Fortschritte und veränderte politische Rahmenbedingungen sorgen dafür, dass sich Mitarbeiter, Abteilungen und Unternehmen anpassen müssen.

Aber wie sollte sich das Unternehmen verändern?

Viele Vorstände und Geschäftsführer leben unter einem ständigen Leidensdruck, das Unternehmen und seine Kultur verbessern zu müssen, weil sich der einstige Erfolg verflüchtigt hat. Zusätzlich kommt das Unternehmen mit den veränderten Bedingungen nicht mehr klar. Es wird versucht, neue Probleme mit alten Lösungen zu lösen – meist funktioniert das nicht. Die Gründe dafür sind einfach: Mitarbeiter und Prozesse orientieren sich an Bewährtem. Den Entscheidern fehlt es häufig an den Ansatzpunkten.

Diese wünschen sich ein messbares und greifbares Instrument, das sowohl für Management wie auch für Mitarbeiter geeignet ist.

Der Organisationsentwicklungsvordenker Prof. Edgar Schein definiert Unternehmenskultur so: „Kultur besteht aus den gemeinsamen unausgesprochenen Annahmen, die eine Gruppe bei der Bewältigung externer Aufgaben und beim Umgang mit internen Beziehungen erlernt hat." Diese von ihm dargestellten Annahmen beruhen auf den Wertesystemen in Gruppen und Organisationen.

Mit dem Modell der 9 Levels of Value Systems können Wertesysteme von Personen, Gruppen und Organisationen gemessen und ein besonderes Bewusstsein dafür geschaffen werden. Es zeigt, wo die Hebel für Veränderungen sitzen und macht gleichzeitig klar, wie notwendig Veränderung ggf. ist. Dieses oft so schwammige Gefühl „wir müssen uns verändern" wird greifbar. Mit einem zentralen Modell und den drei Perspektiven – Person, Gruppe und Organisation – kann man individuell und maßgeschneidert an den spezifischen Themen arbeiten.

Aber immer mit einem einheitlichen Modell, was die Handhabung ungemein vereinfacht.

Das Modell der 9 Levels hat 2 Seiten, die wie in einer Art Pendelbewegung – vergleichbar mit einer Wendeltreppe – zueinander stehen: Bei der dynamischen Entwicklung pendelt die Person, die Gruppe oder die Organisation stets vom WIR-Bezug zum ICH-Bezug und umgekehrt. Einen Aufzug gibt es in diesem Wendeltreppenmodell nicht. Ein Überspringen von Levels ist nicht möglich.

Im Zentrum stehen immer die Dynamik und die Weiterentwicklung der eigenen Wertesysteme. Aber ebenso die Frage, wie denn diese Wertesysteme zu der aktuellen Herausforderung in der eigenen Lebenswelt passen. Das ist ganz wichtig und unterscheidet sich in der Denkweise von anderen, statischen Modellen, die immer wieder an neue Situationen angepasst werden müssen. Im Modell der 9 Levels lassen sich dementsprechend Stationen der Entwicklung von Personen, Gruppen und Organisationen in Bezug auf Veränderungen im Umfeld, im Markt und im Wettbewerb reflektieren und bewerten.

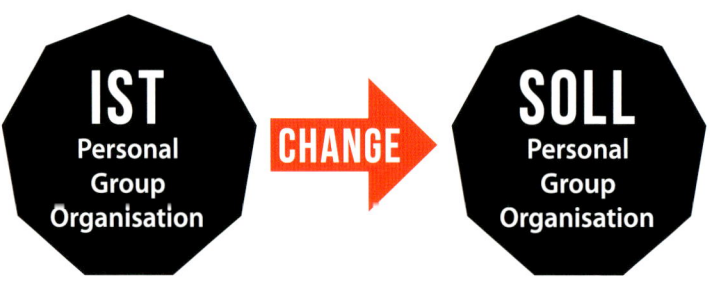

Die typischen Hebel für die Veränderung sind

» Mission/Vision/Werte
» Strategie
» Führung
» Qualifikation
» Zielsysteme
» Strukturen
» Prozesse/Aufgaben

Oft versuchen die verantwortlichen Personen das Verhalten zu verändern. Doch das hat meist keine Nachhaltigkeit und greift nicht weit genug, weil das Bewusstsein für die Notwendigkeit der Veränderung fehlt. Sollen tiefgreifende Veränderungen in Unternehmen, Abteilungen und auch bei Personen umgesetzt werden, muss an den Wertesystemen angesetzt werden. Die oben genannten Hebel für die Veränderungen müssen dabei im Einklang mit dem gewünschten Wertesystem stehen. Nicht selten passiert es, dass Veränderungen zwar gewünscht werden, aber die Zielsysteme die alten bleiben – das wird nicht funktionieren! Ist zum Beispiel mehr Austausch, Kooperation und Best Practice gewünscht, dürfen das Vergütungssystem oder die Key-Performance-Indikatoren keinen direkten Wettkampf fordern.

Grundsätzlich können Personen, Gruppen und Organisationen erfolgreicher und besser mit den Herausforderungen der Lebenswelt umgehen, wenn ihre Wertesysteme zu den aktuellen Herausforderungen passen – wenn diese also kongruent sind.

Sind die Lebensbedingungen in den zentralen Elementen beispielsweise Orange – also zielstrebig, voller Tatendrang und karriereorientiert – dann sind Menschen, Gruppen und Organisationen mit sehr großem Orange-Anteil in ihren Wertesystemen viel erfolgreicher, als beispielsweise Blau aufgestellte Systeme, die lieber nach Regeln, Loyalität und Ordnung agieren. Dabei geht es nicht um ein „je höher, desto besser", sondern darum, dass es passt. Ist das Wertesystem eines Unternehmens Grün, aber der Markt und der Wettbewerb sind Rot, wird das unweigerlich zu Schwierigkeiten führen.

Wenn man die deutschsprachigen Länder betrachtet, stehen die meisten Unternehmen dort vor den Herausforderungen, sich von Blau nach Orange oder von Orange nach Grün zu entwickeln.

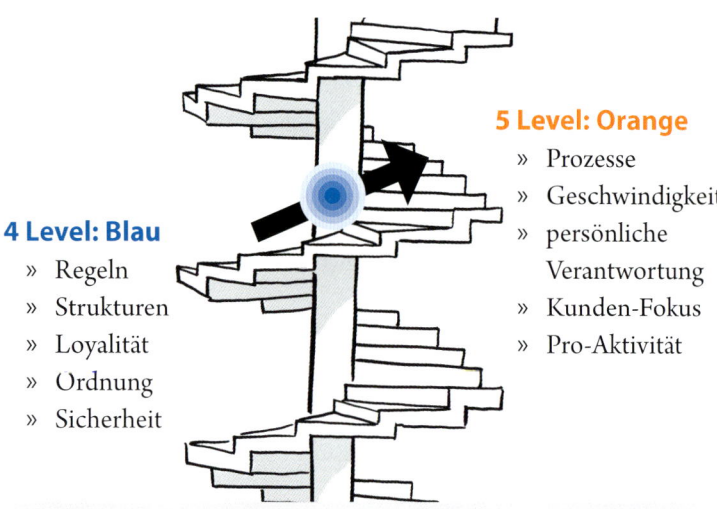

5 Level: Orange
- » Prozesse
- » Geschwindigkeit
- » persönliche Verantwortung
- » Kunden-Fokus
- » Pro-Aktivität

4 Level: Blau
- » Regeln
- » Strukturen
- » Loyalität
- » Ordnung
- » Sicherheit

1. Veränderung der **ganzen** Organisation
2. **Können** (Veränderungsfähigkeit)
3. **Wollen** (Veränderungsbereitschaft)
4. Veränderung als gezielt entwickelter und konsitenter **Prozess**

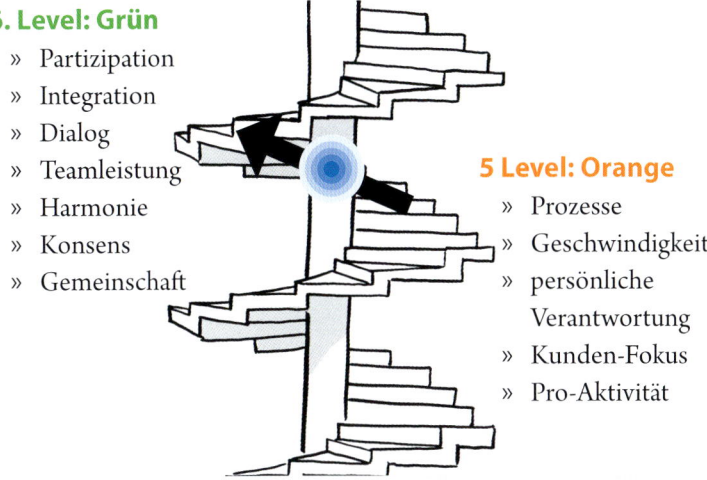

6. Level: Grün

» Partizipation
» Integration
» Dialog
» Teamleistung
» Harmonie
» Konsens
» Gemeinschaft

5 Level: Orange

» Prozesse
» Geschwindigkeit
» persönliche Verantwortung
» Kunden-Fokus
» Pro-Aktivität

1. Veränderung der **ganzen** Organisation
2. **Können** (Veränderungsfähigkeit)
3. **Wollen** (Veränderungsbereitschaft)
4. Veränderung als gezielt entwickelter und konsitenter **Prozess**

Die Zeit ist reif für neue Lösungswege, denn viele Menschen, Entscheider und Unternehmen stehen vor komplexen und neuartigen Herausforderungen und Problemen und haben miterlebt, dass bewährte Konzepte nicht mehr funktionieren. Mit dem Modell der 9 Levels steht nun ein bewährtes und international erprobtes Modell zur Verfügung. Es bricht die Komplexität wissenschaftlich fundiert herunter und fasst das Thema in ein pragmatisches Modell.

Ich wünsche Ihnen viel Erfolg.

Ihr Rainer Krumm

GESCHICHTEN, DIE DAS LEBEN SCHREIBT — DIE 9 LEVELS SIND UNTER UNS...

Hier habe ich für Sie noch einige Beispiele und Geschichten niederge-schrieben, die zeigen, wie die 9 Levels in nahezu jedem Lebensbereich wiederzufinden sind.

Die Olympischen Spiele im Fokus der 9 Levels

Die Einführung der Olympischen Spiele der Neuzeit wurde 1894 als Wiederbegründung der antiken Festspiele in Olympia auf Anregung von Pierre Coubertin beschlossen. Als „Treffen der Jugend der Welt" sollten sie dem sportlichen Vergleich und der Völkerverständigung dienen. Dieser Grundgedanke ist sehr stark im *grünen Level* zu finden. Betrachtet man sich die heutigen Situationen rund um Olympia, dann kommen einem kritischen Betrachter gleich mehrere Farben – fast wie die olympischen Ringe in den Sinn: *Grün* für die Grundidee, *Orange* für den Wettstreit und den Willen zum Sieg. *Grün* auch der olympische Gedanke „dabei sein ist alles". *Blau* für die kontrollie-renden und regulierenden Funktionäre, Schiedsrichter und nicht zuletzt das Sicherheitspersonal. *Rot* für Manipulation, Korruption und Spielbetrug, sowie Doping. *Gelb* für das Vernetzen von Kulturen, Menschen und Sport. *Orange* für die Vermarktung und *Purpur* für die Rituale und Traditionen rund um die Grundidee des Fackellaufs.

Blaue und orange Statussymbole

Blau und *Orange* nutzen gerne Statussymbole. *Blaue* Statussymbole werden aber tendenziell offiziell verliehen und haben eher den Status im Fokus, der gezeigt werden soll. Er vermittelt Hierarchie und Klarheit im Ordnungssystem. *Orange* Statussymbole fokussieren eher auf das Prestige und das, was man schon erreicht hat. Diese können selbstverständlich in *Orange* auch selbst erworben werden.

Radarfallen mit und ohne Ankündigung

Warum gibt es eigentlich Warnhinweise auf die kurz darauf folgende Radarfalle im Straßenverkehr? Dankbar aber irritiert haben sich viele Autofahrer schon diese Frage gestellt. Ein amerikanischer Polizist formulierte dies so treffend: „Our job is to slow down the traffic – not to make money". Das *blaue System* will also den Verkehr beruhigen und die Autofahrer zum gemäßigten Fahren bringen, und nicht die Investition der Radarfalle möglichst schnell amortisieren. *Orange* Autofahrer sehen Tempolimits oft auch eher als gut gemeinte Ratschläge oder Vorschläge im Sinne einer Richtgeschwindigkeit. Gerne fährt man aber strategisch so viel schneller, dass es zwar teuer werden könnte, aber der Führerschein noch sicher ist. Also bei 120 fährt der *Orange* eben knapp 140 oder so. Der *Orange* regt sich dann auch über den konsequent korrekt fahrenden Autofahrer vor ihm auf – speziell wenn dieser mit dem Gedanken „hier darf man eh nicht schneller fahren" auf der linken Spur fährt.

Logistik von Orange auf Grün

In einem Workshop bei einem Handelsunternehmen wurde ich Zeuge einer wichtigen Aussage des Logistikleiters. Das Unternehmen ist stark kennzahlengetrieben, die Verantwortungsbereiche werden stets im Vergleich gesehen und jeder Bereichsleiter versucht, möglichst gut dazustehen. Nun sollte von einer 48 Stunden-Lieferung auf eine 24 Stunden-Lieferung umgestellt werden. Dies verschlechterte die Kosten des Logistikleiters kolossal. Sein Kommentar war: „Wir müssen lernen, dass es ok ist, wenn ein Bereich schlechter wird – wenn es für das Gesamtergebnis besser ist." Er forderte implizit damit auf, sich von *Orange* zu *Grün* zu bewegen. Gemeinsam die Ziele noch besser zu erreichen.

Nur noch kurz die Welt retten
Tim Bendzko singt in seinem Lied „nur noch kurz die Welt retten" wunderbar eine Parodie auf die negative Ausprägung der *orangen* Hochgeschwindigkeits-Businesswelt: „Muss nur noch kurz die Welt retten, danach flieg ich zu dir. Noch 148.713 Mails checken – wer weiß, was mir dann noch passiert, denn es passiert so viel."

Reinhard Meys Annabelle
Der Liedermacher Reinhard Mey hat viele ausdrucksvolle Lieder geschrieben – eine aus 9 Levels Sicht spannende Passage ist die aus dem Lied Annabelle. Einer Hommage an eine Partnerin, die sehr unkonventionell leben will und sich eher gegen das so *blaue* Bürgertum auflehnt. Was viele sehr absolut denkende Menschen gleich haben, ist das der starken Ausprägung im *blauen Level*. Mey singt von „Du mit Deiner Nonkonformisten Uniform" – einer schönen Beschreibung, dass die Annabelle auch auf Blau ist – aber eben anders. Viele Gegenbewegungen oder Gegenhaltungen sind durch ihre Absolutheit sehr *blau*.

Pretty Woman geht shoppen
Wer hat sie nicht schon oft gesehen: Die Liebeskomödie Pretty Woman mit Julia Roberts alias Vivian „Viv" Ward und Richard Gere alias Edward Lewis. Ich will hier auf die schöne Szene eingehen, als Vivian im noch „professionellen" Outfit versucht, auf dem Rodeo-

Drive Boulevard sich bürgerliche Kleidung zu kaufen und auf sehr ablehnende Verkäuferinnen stößt. Der *orange* Edward Lewis schickt die *rote* Vivian los, um *blau/orange* Kleidung zu kaufen. Dazu geht sie in das Mekka des Luxus-Shoppings: den Rodeo Drive. Die *blauen* Verkäuferinnen lehnen ihre Wünsche jedoch sehr absolut und klar ab. Sie wollen die Kundin nicht bedienen. Eine *orange* Verkäuferin hätte die etwas sonderbar bekleidete Kundin in das Nebenzimmer gebeten und hätte ihr möglichst viel verkauft. *Blau* macht das nicht. Am Ende des Films verändert sich Edward Lewis von *Orange* in Richtung *Grün*, als er erkennt, dass seine Firma nichts Bleibendes schafft und er nun beschließt, fortan Schiffe zu bauen – große Schiffe. Sein Assistent Philip „Phil" Stuckey ist eher *rot*.

Antiautoritäre Erziehung und was passiert, wenn die Kinder in die Schule kommen…

Antiautoritäre Erziehung verfolgte ja – vereinfacht ausgedrückt – das Weglassen von Regeln in der Erziehung, das Kind möge sich voll und ganz selbst entfalten und erfahren können. Die Absolutheit dieses Konzepts hat schon wieder starke *blaue* Züge. Kindern wurden demzufolge keine Regeln und keine Zurechtweisungen gegeben. Das Kind wurde quasi im *roten Level* festgehalten oder blockiert. Mit dem Eintritt in die Schule kommt das Kind jedoch in ein *blaues System*, wo es sich melden muss, 45 Minuten ruhig sitzen und sich an viele, viele Regeln halten soll. Aus der Perspektive der 9 Levels birgt dies Problempotential.

Fußball ist unser Leben, denn König Fußball regiert die Welt!

„Fußball ist unser Leben, denn König Fußball regiert die Welt!", so der Titel eines bekannten Lieds der deutschen Fußballnationalmannschaft von 1974. Betrachtet man sich den heutigen Profifußball, so ist dieser ein Potpourri vieler Levels:

Der Wettstreit im Fußball ist grundsätzlich *orange*, wird mit *roten* Fouls unterbrochen und von hoffentlich blauen Schiedsrichtern geahndet. Typische Profi-Klubs manifestieren sich oft als zusammengekaufte *orange* Mannschaften, die dann oft gegen *grün* aufspielende Teams verlieren. *Rote* Funktionäre vergeben Weltmeisterschaften an den hinter den Kulissen Höchstbietenden. Fußballstadien mit ihren Businesslounges sind *orange* motiviert – denn da kann man toll Geschäfte machen, was die *purpurne* Fangemeinde in Wallung bringt. Man denke nur an die Wut-Rede von Uli Hoeneß, als er von Fans angegriffen und seine Kapitalisierung des Fußballs angeprangert wurde. Klassische Traditionsclubs, wie man sie viel im Ruhrgebiet findet, haben eine treue und durch dick und dünn gehende *purpurne* Anhängerschaft. Während die Fraktion „Mia san mia" eher *blau* ist. Nicht zu vergessen die *roten* Fan-Krawalle, die leider fast überall anzutreffen sind.

Der Glückskeks beim Asiaten

Jeder kennt die Glückskekse beim Asiaten. Aus der Perspektive der 9 Levels betrachtet, ist der Ursprung tendenziell *purpur*, der heutige Trinkgeld-steigende-Effekt eher *orange*. Je nach eigener Level-Verteilung wird dann an den Text und die Botschaft geglaubt oder auch nicht, was eine *purpurne Eigenheit* ist.

8 Orange und 1 Blauer in Indien

Bei einem Management-Workshop einer Vertriebsorganisation in Indien führte ich eine Analyse mit den 9 Levels durch und zwar mit dem Personal Value System. Ziel war es, im Managementteam mehr

Verständnis füreinander und besseres Teamwork miteinander zu erreichen. Die Hauptausprägung von acht der neun Manager war *orange*. Nur einer hatte *Blau* als Hauptausprägung. Schnell wollte man natürlich wissen, wer denn nun diese *blaue* Hauptausprägung habe. So meldete sich der Leiter der Administration und des Rechnungswesens. Begeistert und dankbar verstanden nun die *orange* getriebenen Manager das akkurate und korrekte Handeln und Denken des Kollegen – und dieser versprach nach dem Workshop, er habe ab sofort auch mehr Verständnis mit diesen *„Orangenen"*. Der Mutterkonzern ist interessanterweise recht *blau* strukturiert. Die indische Vertriebsorganisation wurde aber schon in der Neugründung *orange* geprägt.

Wenn der Manager am Wochenende mit der Kutte auf die Harley steigt

Es gibt Kult-Firmen, die ihresgleichen suchen. Eine solche Firma ist Harley-Davidson. Der Motorradhersteller aus Milwaukee hat ein kultiges und auch leicht verruchtes Image. Rocker und Biker lieben die Marke und den damit verbundenen Lifestyle. Die wahren Harleyfahrer haben diese Lebensphilosophie verinnerlicht und sich ggf. auch in entsprechenden Clubs organisiert. Diese Clubs sind eher Tribes und Clans als Clubs, mit *purpurfarbener Levelausprägung* und *roten* Auswüchsen. Die Hobby-Harleyfahrer steigen gerne am Feierabend und am Wochenende auf ihr teures Bike. Darunter finden sich viele gutverdienende *orange* Manager. Dabei ziehen die sich gerne Kutten oder Harley-Jacken über, um auch als *roter* Schrecken durch die Gegend zu fahren, oder um mit gegebenenfalls *rot*-illegalen Auspuffen die Aufmerksamkeit zu erregen. In Bikerkreisen spricht man auch von der A-Jacke, einer schwarzen Harley-Jacke mit *orangem* Brustring – denn die hat jeder A …

So trennt sich die Harleyschaft in wirkliche und unwirkliche Tribe-Mitglieder. So kennzeichnet sich der *orange* Manager doch auch farblich als Hobby-Biker.

Weihnachten – ein Fest der Liebe und der Level

Christmas-Shopping in Dubai. In den Adventstagen vor Weihnachten hatte ich einmal einen Managementkongress in Dubai und war schockiert, wie dominant in einem ursprünglich arabischen Land das kommerzielle Christmas-Shopping ausgeschlachtet wird. Christmas-Shopping in New York ist da irgendwie logischer. Umfragen rund um Weihnachten zeigen immer wieder, wie wenig Menschen noch den eigentlichen Grund des Weihnachtsfests kennen.

Rituale und Brauchtümer werden an Weihnachten hoch gehalten. Das traditionelle Weihnachtsessen, die stets gleiche Zeremonie, die auch unbedingt so eingehalten werden muss – und was auch bei Familienzusammenschlüssen spannende Diskussionen geben kann, was denn nun das wirkliche Weihnachtsessen sei. Das Weihnachtsfest der Kirche ist klassisch *ein blaues Thema*, das mit vielen *purpurfarbenen Ritualen* und Brauchtümern zelebriert wird. Einige Familienmitglieder halten jedoch diese *purpurnen Rituale* nicht aus und brechen dann *rot* durch und machen, was sie wollen. Das wird vom Rest der Familie oft nicht gut verstanden.

Unternehmerkinder gründen mehr Unternehmen

Statistische gesehen gründen Unternehmerkinder eher ein eigenes Unternehmen als Nicht-Unternehmerkinder. Die frühe Prägung der Kinder bei Tischgesprächen, am Wochenende und „was denn Mama und Papa so beruflich machen" prägt natürlich. Die Lebensumstände prägen Wertesysteme. So gehen Kinder von *blauen* Mitarbeitern bei *blauen* Konzernen auch gerne in eben jene, denn da ist man sicher und aufgehoben. Während *orange* Haushalte oft auch *orange* Unternehmensgründer hervorbringen. Jedoch muss man ebenso sagen, dass statistisch gesehen auch die dritte Generation von Unternehmerkindern das Unternehmen gegen die Wand fährt. Oft fehlen hier zum einen die unternehmerische Kompetenz und auch der *orange* Wille.

Orange Risikosportler und rote Draufgänger

Extremsportlern wird oft nachgesagt, dass sie potentielle Selbstmörder sind. *Rote* Extremsportler denken nicht über Konsequenzen nach, sie handeln und brechen Grenzen und Regeln. Sie leben in der Tat im hohen Risiko. *Orange* Extremsportler glauben auch an die Überwindung von Grenzen und an die grundsätzliche Machbarkeit. Sie sind getrieben von dem Wunsch, die Grenzen zu verrücken. Im Vergleich zu den *roten* Grenzgängern investieren sie jedoch viel Zeit und Energie, um das Risiko zu minimieren und zu beherrschen. Der Flugpionier und Ballonweltrekordler Steve Fossett kommentierte dies einmal: Er suche nicht das Risiko, er investiere die meiste Energie darauf, das Risiko zu minimieren.

RAINER KRUMM – DER EXPERTE FÜR DIE 9 LEVELS

Rainer Krumm ist Managementtrainer, Berater und Coach. Er hat Wirtschaftspädagogik und Strategische Unternehmensführung studiert und in über 23 verschiedenen Ländern internationale Unternehmen, Topführungskräfte und Teams begleitet, beraten, trainiert und gecoacht. Er gilt als einer der erfahrensten internationalen Berater und Trainer im Bereich Unternehmenskultur und Veränderungsmanagement – basierend auf der Entwicklungspsychologie von Prof. Clare W. Graves.

Er ist sowohl Gründer und geschäftsführender Eigentümer der axiocon GmbH, einer Unternehmensberatung, die auf organisational & value management spezialisiert ist.

Rainer Krumm ist ebenso Gründer und Direktor des 9 Levels Institute for Value Systems GmbH & Co. KG – einem Institut, welches die wissenschaftlich abgesicherten und in der Praxis erprobten Analysetools zum Modell der 9 Levels entwickelt und vertreibt.

Das Institut mit Sitz in Ravensburg ist spezialisiert auf die Entwicklung und den Vertrieb von Analysetools für Wertesysteme. Es führt wissenschaftliche Untersuchungen und Weiterentwicklungen durch, in denen es um das Modell der 9 Levels for Value Systems geht. Ebenso bietet das Institut Zertifizierungen für Berater, Trainer und Coaches an, die ihre tägliche mit dem Analysetools der 9 Levels ergänzen und bereichern möchten.

Kontakt: *info@9levels.de* | *www.9levels.de*

LITERATURVERZEICHNIS

Bär, M., Krumm, R., Wiehle, H.; *Unternehmen verstehen, gestalten verändern – Das Graves-Value-System in der Praxis*, Gabler Verlag, Wiesbaden, 2. erweiterte Auflage, 2007

Beck, D. E., Cowan, C. C., *Spiral Dynamics – Mastering Values, Leadership and Change*, Blackwell Publishing, Williston 1996

Dobbelstein, T., Krumm, R., *9 Levels for Value systems - Development of a scale for level-measurement*, in: Journal of Applied Leadership and Management 07-2012

Graves, C. W., *The Implications to Management of System – Ethical Theory*, o.O., 1962

Graves, C. W., *Value System And Their Relation to Managerial Controls And Organizational Viability*, Schenectady, 1965

Graves, C. W., Huntley, W. C., LaBier, D. W., *Personality Structure and Perceptual Readiness*; An Investigation of Their Relationship to Hypothesized Levels of Human Existence, Schenectady, 1965

Graves, C. W., *Deterioration of Work Standards*, Harvard Business Review, 44 (September/October, 1966), S. 117-128

Graves, C. W., *Levels of Existence: An Open System Theory of Values*, in: Journal of Humanistic Psychology, Alameda, Volume 10 (Fall, 1970), No. 2, S. 131-155

Graves, C. W., Madden H.T.; Madden, L.P., *The Congruent Management Strategy*, o.O. 1970

Graves, C. W., *How Should Who Lead Whom to do What?*, YMCA Management Forum, Schenectady, 1971-1972

Graves, C. W., *Human Nature Prepares for a Momentous Leap*, The Futurist, Bethesda, No. 8, April, 1974, pp. 72-87

Graves, C. W., *Summary Statement: The Emergent, Cyclical, Double-Helix Model of Adult Human Biopsychosocial Systems*, Boston, 1981

Graves, C. W., *Levels of Human Existence* (transcript from a seminar), edited by W.R. Lee, Santa Barbara, ECLET, 2002

Graves, C. W., *The Never Ending Quest*; edited by Ch. Cowan and N. Todorovic, Santa Barbara, ECLET, 2005

Krumm, R., *Coaching mit den 9 Levels*, in: Coaching heute, München, 07-2012

Krumm, R., *Steht klassisches Training schon bald vor dem Untergang?*, in: Zukunft Training, München, 07-2012

Lee, B., *Transcription of a „Seminar on Levels of Human Existence"* conducted by Dr. Graves at the Washington School of Psychiatry, October 16, Washington, 1971

Lipkowski, S., *Neun Stufen der Entwicklung*, in: trainingaktuell, 05-2012

Tad, J.; Woodsmall, W., *Time Line*, Paderborn, Junfermann Verlag, Paderborn, 1991

Bucksteeg ,Mathias, Hattendorf, Kai, *Wertekommission Führungskräftebefragung*, Bonn, 2012

9 LEVELS
institute for value systems

DAS 9 LEVELS INSTITUTE FOR VALUE SYSTEMS

9 LEVELS INSTITUTE FOR VALUE SYSTEMS GMBH & CO. KG
Eywiesenstraße 6 | 88212 Ravensburg | Germany
T +49 751 363 44-999 | F -739 | info@9levels.de | www.9levels.de

„Miss alles, was sich messen lässt, und mach messbar, was sich nicht messen lässt."

Galileo Galilei

Das 9 Levels Institute for Value Systems ist ein Beratungsinstitut, das sich auf die Messung und Analyse von Wertesystemen bei Personen, Gruppen, Organisationen und Systemen spezialisiert hat. Wissenschaftlich fundiert und in der Praxis erprobt – so lautet unser Credo.

Institutsgründer Rainer Krumm bringt seine Erfahrung aus Veränderungsprojekten aus über 23 Ländern mit über 57 verschiedenen Nationalitäten mit ein.

Unternehmenskulturen und Teamkulturen sind der Schlüssel zu nachhaltig erfolgreichen Unternehmen. Die Unternehmenskultur lässt sich messen und wenn notwendig nachhaltig verändern. Dies ist kein einfacher Weg – aber ein gangbarer.

Viele verschiedene Management-Einflüsse und die Entwicklungstheorie von Prof. Dr. Clare W. Graves sind in die Modellentwicklung eingeflossen und wurden stets der Praxistauglichkeit unterzogen. Von Anwendern für Anwender – nur so können Projekte und Maßnahmen erfolgreich sein.

Die Welt ist zunehmen stärker im Wandel – ob uns das gefällt oder nicht.

Die Wandlungsfähigkeit von Unternehmen ist ein zentraler Zukunftsfaktor. Diesen gilt es mit Werteanalysen und ggf. Veränderungsmaßnahmen zu sichern.

Viele Tools setzen an nicht veränderbaren Typologien an, oder an Verhaltensorientierungen. Nach unserer Überzeugung und Erfahrung sind langfristig erfolgreiche Maßnahmen an den Werten orientiert – an den Werten der handelnden Personen und der gemeinsamen in der Gruppe geteilten Werte.

Jedes Unternehmen hat eine Unternehmenskultur. Die wenigsten sind sich dieser bewusst.